跃上高阶职场
职场女性进阶守则

[英] 格蕾斯·贝弗利——著
（Grace Beverley）
刘甜甜——译

WORKING HARD,
HARDLY WORKING

HOW TO ACHIEVE MORE STRESS LESS AND FEEL FULFILLED

中国科学技术出版社
·北 京·

北京市版权局著作权合同登记　图字：01-2022-4010

图书在版编目（CIP）数据

跃上高阶职场：职场女性进阶守则 /（英）格蕾斯·贝弗利（Grace Beverley）著；刘甜甜译 . —北京：中国科学技术出版社，2023.5

书名原文：Working Hard, Hardly Working: How to achieve more, stress less and feel fulfilled

ISBN 978-7-5046-9934-3

Ⅰ . ①跃… Ⅱ . ①格… ②刘… Ⅲ . ①女性—成功心理—通俗读物 Ⅳ . ① B848.4-49

中国国家版本馆 CIP 数据核字（2023）第 035999 号

策划编辑	申永刚　屈昕雨	责任编辑	申永刚
封面设计	仙境设计	版式设计	蚂蚁设计
责任校对	焦　宁	责任印制	李晓霖

出　　版	中国科学技术出版社
发　　行	中国科学技术出版社有限公司发行部
地　　址	北京市海淀区中关村南大街 16 号
邮　　编	100081
发行电话	010-62173865
传　　真	010-62173081
网　　址	http://www.cspbooks.com.cn

开　　本	880mm×1230mm　1/32
字　　数	136 千字
印　　张	7.25
版　　次	2023 年 5 月第 1 版
印　　次	2023 年 5 月第 1 次印刷
印　　刷	大厂回族自治县彩虹印刷有限公司
书　　号	ISBN 978-7-5046-9934-3/B·124
定　　价	69.00 元

（凡购买本社图书，如有缺页、倒页、脱页者，本社发行部负责调换）

前言

　　和大部分人一样，我从十几岁起就开始做兼职工作了。众所周知，工作不仅会给我们带来惊喜，同时也会给我们带来意想不到的挑战。在17岁那年，我在学校的公告栏上看到了一则招聘启事：一位学生的母亲希望在校园里招聘一名"社交媒体协调员"，以协助她开展业务。为了能够在暑假里赚到一些收入，我抓住了这个机会。我研究出了不同的照片发布技巧，发布了自己精心选择的合影，最终按照约定拿到了报酬，这令我雀跃不已。同时，这段经历也为我以后从事的社交媒体类工作奠定了基础。我第二次进军这个新世界时，用的就是现在的"照片墙"（Instagram）账号，那时我刚满18岁，还在读高三。最初，我注册这个账号的目的是督促自己健身，因此，这个账号处于保密状态——只有两个朋友知道这件事情。开通账号一年半后，我才开始通过这个账号变现。

　　其实，在开通这个匿名账号的前一个月，我第一次申请了几份"真正的"工作，试图走一条相对传统的职业发展道路。我参加了语言推理和批判性思维测试，还参加了评估性测试和一些面试。后来，我去了国际商业机器公司（IBM）做

"新客户获取分析师"。就这样，在参加完大学入学考试后，我在 IBM 实习了 13 个月。这次实习经历使我积累了一些工作经验，并为读大学攒下了一些必要的费用。这段经历还让我学到了一些与学校课程完全不相关的知识，并且从理论上来说，这些知识可以帮助我在进入企业工作时占得先机——这真是一次梦幻般的经历。

有了这份工作经历，再加上之前的兼职工作经验，我对在企业内工作有以下 3 个主要的现实考量：我曾试着穿高跟鞋在办公室里行走，但最后只坚持了不到 1 个小时；我意识到自己的大部分工作都可以由机器来完成，而工作时也毫无"激情"；外界在我身上附加了一种理所应当但我却不想承认的期望——我应该随时都处于工作状态，能够随时随地为工作服务。

在我开始写这本书的大概 8 个月前，我刚从大学毕业，搬到了伦敦，准备穿着剪裁精良的职业套装加入这座城市的劳动力大军，如果早在那时我就能明白上述残酷的现实就好了。当时，我对未来的工作抱有美好的幻想，想象自己会努力工作，踏实奋进，在本职工作上不断取得成功。在成长过程中，我们一直以为长大成人等同于参加工作。因此，当我们进入劳动力市场时，就会期望一切都会像想象的那样正常运转。对我们来说，找工作才是最困难的事情，只要找到了工作，之后的一切都会"万事大吉"。

我很快就意识到，自己每天（包括周末）都在工作，但仍然不能完成"全部"工作，这种状态很难持续下去——当然，这也是很多人工作中的常态。我面对的现实是：假装自己能做得更多。这其实对自己毫无帮助，而且这也是一种不够聪明的表现。如果这样做，我们总会觉得自己的付出不够，而且获得的回报也比其他人少。我们太过乐观地看待工作，却又面对着一个不同的现实：每个人似乎都迷失了方向，期待靠激情来驱动自己工作，但又不禁扪心自问：这种激情如何能够支撑我们在格子间里一周工作 40 个小时？

我认为，我们对工作的期望和现实之间之所以存在着差距，并非因为我们对职业生活抱有过度的幻想。于我而言，这个"新型职场环境"存在着更严重的问题。

在我看来，社交媒体在我们的日常生活中扮演着极为重要的角色。对于这一事实，大家应该也都心知肚明。如果抛开社交媒体，我们很难客观地谈论当今的职业生活。因此，在接下来的篇幅中，我会大量谈到社交媒体。在我们这一代人的成长过程中，注意力经济兴起了，世界上最富有、最强大的公司都在生活的各个方面争夺着我们的注意力，而且这些公司基本上都获得了成功。我们不再轻易地被电影和电视节目误导，而是被预先包装好的，并且通过手机屏幕向我们兜售的现实影响。通过对现实进行"包装"，这些公司得以掩盖这些现实令人难以置信的真实面貌。社交媒体上发布的内容极大地影响着我们看待大多数事情的方式——从深度工作到关怀自我，再到成功和自我价值——我们这代人被迫生活在高度比较的环境之中。虽然社交媒体可能加剧了许多问题，但很显然它并非是制造这些问题的元凶。作为千禧一代①（Millennials）和Z世代②（Gen Zers），我们并不是第一代将自己与他人进行比较的人，也不是第一代在办公室里加班到很晚的人，更不是第一代想要让别人误以为我们很成功的人。然而，我们却是第一代毫不间断地、无时无刻被这些问题所困扰的人。同时，网络世界的互联互通也无限地增加了我们可以比较的人数。从这一意义上来看，社交媒体是我们所面临的许多问题的放大镜，它既放大了问题，也提醒我们要审视自己。

尽管我们不应该低估社交媒体所带来的影响，但社交媒体并非是造成这些问题的唯一元凶。现在是进入职场、开展工作的艰难时期，我们要迅速适应不断变化的职场环境更是难上加难。当今社会，在人们的认知范围内，"成功"意味着：如

---

① 千禧一代通常指1981年到1995年出生的一代人，亦称"Y世代"。——译者注
② Z世代通常指1995年到2009年出生的一代人。——译者注

果我们能够找到一份好工作，那么只要努力工作，我们就能买到房子，还清贷款，还能在退休时存有一些积蓄。目前，定义这类"成功"的社会背景或者文化背景正在逐步瓦解。相反，在2008年全球金融危机之后、新冠疫情全球大流行之中，我们的未来似乎比以往任何时候都充满不确定性。我们正面临着大规模失业的危机，我们中有许多人都是第一次居家办公，我们面临着一个令人困惑的悖论——既热爱这种新获得的居家自由，又无比怀念办公室里的同事情谊（通常我们会同时拥有这两种感觉）。就在我写下这些文字时，英国的失业人数在过去的3个月里增加了24.3万人，创2008年5月以来失业人数最大增幅。另外，英国政府还出台了一个250万人的"休假计划"，这250万人目前正面临着前所未有的并且不断增强的不确定性。

目前，我们的职场已经扭曲得面目全非，无情地摧毁着我们的期望。最关键的是，作为"当今世界的年轻人"，我们被外界贴上了许多不同的身份标签：敏感、脆弱、疲惫、懒惰、工作狂、自以为是、自私自利、不够诚实。我们在自己的美好期望和残酷现实的夹缝中艰难生存，同时被裹挟在别人对我们的异样看法中。

我们这代年轻人总是被贴上"不愿工作"的标签，人们也常常用"雪花族"（无法承受挫折的群体）这类负面词汇来形容我们，这已经不是什么新鲜事了。2016年，在一篇刊登于《澳大利亚人》（*The Australian*）的专栏文章中，"年轻人"这一群体遭到了一代人的指责。这些人声称，年轻人如果都不吃带有"碎羊乳酪"的牛油果吐司和"五谷烤面包"，就能省下钱来买房子了。说到这里，我觉得有必要介绍一下自己的情况：我已经拥有了一套属于自己的房子，我为此感到荣幸——但我之所以能买房，既不是因为我克制自己不吃五谷烤面包，也不是因为我不在当地的独立咖啡馆里买甜点，而是因为我一直都没有遵循不公平的规则（稍后会谈到这种不公平规则），但我的处境根本无法反映出我们这一代更多人的情况。有很多人认为，年轻人因为经常花钱享受精致的早午餐和甜点，所以才无法买房，这一想法不仅非常滑稽，而且有失偏颇。首先，现在的房价比我们父母那一代要昂贵得多。事实上，据英国广播公司（BBC）计算，我们需要省下购买24 499份牛油果吐司（也就是连续67年来每天都吃一个牛油果吐司）的钱，才付得起一笔普遍意义上的买房首付。虽然我确实很喜欢吃牛油果吐司，而且每次购买时也心生愧疚，但我确实是例外。还有些人认为，年轻人是因为懒惰或者没有责任心，才没有足够的财务保障，这一想法不仅很无礼，而且大错特错。有些比我们年长的人常常会说："在我那个时代……"对于我们这一代人来说，这句话没有任何参考意义。这些年长者往往正是借着当年的"时代东风"，才拿到高工资，用极低的价格买到房和车。而我们年轻一代则需要付出更多努力才能买到车和房，这令人尤为受挫。

接着，我们就被贴上了其他的标签："废柴一代"。安妮·海伦·彼得森（Anne Helen Petersen）在她的连载文章《千禧一代如何沦为了废柴一代》（*How Millennials Became the Burnout Generation*）中描述了一种现象，这种现象似乎引起了几乎所有年轻人的共鸣：由于已经默认了"我们应当一直工作下去"这一事实，即使面对最普通的工作任务，我们也会感到麻木，内心毫无波澜。

> **"废柴"**
> 世界卫生组织称，这是一种由于"未能成功管理长期的工作压力"而引起的综合征。

面对这一现象，我猜那些嘲笑我们这代人是"雪花族"的人会大声叫嚷"他们肯定喜欢这个称号"，因为对于懒人来说，"他们其实很勤奋"这句话最有吸引力，不是吗？（毕竟懒人很少喜欢别人称其"懒惰"）。也许预料到会有这样的回应，彼得森声称，写作这篇文章的目的不是要为谁开脱责任，而是为了分析、识别和创造一种代际意识，进而解释年轻一代为何会对工作抱有这般麻木的态度。这篇文章经过作者充分的研究和切实的探索后得以写作完成，它阐明了年轻一代是如何一步步陷入了如今的境地。在我看来，这篇文章准确地描述了事态的发展过程。其声称:"我们这代人不是不想赚钱,而是根本无法赚到足够的钱——因为微薄的工资不足以支撑我们买房或者还清助学贷款,不足以支撑我们过上更好的生活。"这篇文章深入探讨了我们如何将"一直工作"的概念内化于心,又是如何因为需要随时工作,而从来没有"下班"这一概念的——即使我们勇敢地做出了休假决定,还是会老老实实去上班。

彼得森的文章发表后仅 21 天,埃琳·格里菲斯(Erin Griffith)就在《纽约时报》(New York Times)上写了一篇相关的文章,探讨年轻人为何会"假装热爱工作"。作为千禧一代,格里菲斯研究了同龄人所展现的一种新形式的"表演性工作狂现象"。她认为,我们痴迷于在工作中提高生产力,以为这是在追寻生活的意义。格里菲斯观察到:"在旧金山……我注意到人们对提高生产力的痴迷几乎已经上升到了精神层面。"那么,也许我们并非工作量太少,而是已经超负荷工作了?

最后,格里菲斯总结道,"我们会假装热爱自己一直在做的事情,其实也有其道理"。因此,这是一种心理防御机制吗?当我感叹工作强度太大时,我内心也涌起了些许满足感,或许这样可以解释"辛劳的魅力"这个词存在的意义。正如彼得森所言,在将"我们需要每天 24 小时不停地工作"这一概念内化于心,并将其转化为行动时,我们才能在这个到处都是工作狂的时代站稳脚跟。

因此，当我意识到自己也不知道自己是懒惰、疲惫不堪、自以为是、自我迷失的人还是努力工作、懂得关怀自我的人时，我才开始明白，其他人对自己也都不够了解。社交媒体加在我们身上的期望使我们扭曲了对于自身的正确认知，而游乐场所的哈哈镜则映射了他人对于我们的歪曲看法。在这两种现实的双重夹击下，我们不仅陷入了个人身份危机，也陷入了整整一代人的身份危机。我们这代人面临着比较、投射、表演、喧嚣、刻板印象、困惑、对自我的密切审视，以及被其他所有人严格审视的艰难处境。

了解了这代人的矛盾处境后，我们逐渐意识到，我们身上可以同时展现这两种特质：既疲惫不堪，又敏感懒惰。在文章结尾，彼得森感叹道，"我们并不懒惰，只是筋疲力尽了"。虽然这一解释可能无法直接解决这个问题，但我们可以重新将这句话表述为"我们可能很懒，但那是因为我们已经筋疲力尽了"，或者"我们可能比较自以为是，但那是因为我们不希望面对金融危机、岗位短缺、买不起经济适用房这些问题"。也许这也说明我甚至不属于上文所讨论的千禧一代——毕竟我出生于 1997 年，从严格意义上来说，我属于 Z 世代。虽然我拥有自己的房子，但仍然能够感受到我们的忙碌文化导致的倦怠氛围所带来的痛苦。所以，即使不是千禧一代，我也非常同意彼得森的观点。事实上，彼得森的观点表明，这些问题具有划时代的意义——也许我们现在所感受到的不只是一代人的倦怠，而是我们的新职场环境所创造的新型倦怠文化。

过去的职场文化倾向于鼓励人们努力在职场上"升级打怪"，但是我们这代人再也不希望这样了。一般而言，我们认为没有必要只是为了了解所在的行业和升职加薪而在办公室里坐上 15 年。我们也不想只是为了换取不一定能够到手的养老金，而假装热爱当前的职场文化。在副业文化的激励下，我们宁愿凭借努力和运气抓住机会。我们不愿被禁锢在条条框框里，但在超越传统标准的过程中，我们又确实会因为"工作"和"不工作"之间缺乏明确的界限而感到痛苦。科技帮助我们随时展开工作，但也逐渐使我们变得焦虑，即不管在什么地方，只要不是在处理工作，就等同于在办公室里偷懒。我们面临着一种选择上的悖论——既有能力通过我们的爱好赚取金钱，同时又固执地认为，如果没有赚到钱财，就是还不够努力。

在一篇发布于 2019 年的文章《有毒的副业幻想》（*The Toxic Fantasy of the Side Hustle*）中，亚历克斯·科林森（Alex Collinson）提出了一个疑问：我们是从什么时候开始使用"副业"，而不是使用"第二份工作"这一类似的表达方式的？2018 年，英国雷丁大学亨利商学院开展了一项关于"副业经济"的研究项目，上文提到的这篇文章是这一研究项目的研究成果。"副业经济"是一种"有毒的幻想"，我认为这一说法非常正确。这并非指从事副业会误导他人，事实上，开展副业也绝非是一种错误，但我们不该对副业抱有错误的幻想。副业的存在使得我们认为自己拥有无限的赚钱潜力，只是这些潜力受到了我们的时间和选择能力的限制。正如珍妮·奥德

> ○
> **机会成本**
> 　　指一项行动的经济成本，这类经济成本以因不采取最佳行动方案而失去的"利益"来衡量。

尔（Jenny Odell）在其《如何无所事事》（*How to Do Nothing*）一书中所言："在我们的一天中，每个时刻都是需要我们刻意捕捉、持续优化和充分利用的财富资源。"站在这样的角度来看，如果我们花时间去做工作以外的任何事情，其中的机会成本确实很高昂。

想要放松一下？我们可以利用这个机会赚钱。

想要去遛狗？我们也能够利用这段时间赚钱。

想要把衣物捐赠给慈善机构？我们可以通过易贝网（eBay）把衣服售卖出去赚钱。

想要玩手机？我们可以在手机上通过买卖股票来赚取数千美元。

我们确实可以通过副业来开启职业生涯，我自己就是一个典型的例子，而且我所从事的几项副业都给我带来了巨大的回报。我们拥有副业，这并非一种错误（如果我认为"拥有副

业是一种错误",那就太虚伪了)。但如果将副业作为一种文化来对待,我们就需要考虑到许多重要的问题。在当今社会,副业已经变成了一个辉煌的梦想,在赚不到钱的时候,我们会感到焦虑,而这种焦虑情绪正在慢慢耗尽我们的精力。

在我敲下这些文字的时候,新冠疫情正在肆虐全球,我们比以往任何时候都更加感到恐慌。我们的居家办公模式帮助我们与病毒隔绝,同时也将我们的自我价值感与能力直接联系起来,这种"能力"不仅是指适应能力,也是指居家办公模式使我们成了某种生产力机器。因此,当疫情退去时,我们不仅能够继续存活于世,不再遭受病毒的侵袭,还能精通几国语言,生产力在同龄人中遥遥领先,到那时,我们就成了真正的"民族英雄"。在《传染病》(*Contagion*)[①]这类电影中,我们认为,情节主线应该是苏珊最终克服了一切困难,成功开启了属于自己的事业,而不是苏珊被迫待在房子里,试图逃离一种潜在的致命病毒,从而使自己侥幸存活下来。我们很容易被网络上各种各样的理想化言论所影响,这些言论不仅包括我们应该在什么时刻做什么事情,还包括疫情给我们创造了前所未有的

---

① 《传染病》(*Contagion*)是一部美国电影。影片讲述了世界范围内出现了一种通过空气传播的致命病毒,世界各地的医疗组织争分夺秒研究病毒抗体的故事。——译者注

机会，让我们得以重新调整方向，并将最疯狂的梦想付诸实践。持这些言论的人认为，疫情并非诅咒，而是一个全新的机会，如果不抓住这次机会，我们就放弃了成功的可能性。

现在我想解释一下"团体生产力"和"团体自我关怀"的概念——这两个概念互相依存。我们要坐下来，放轻松，放慢生活节奏，放下手中的工作；外面的世界还在等着我们，因此应该利用这个机会好好休息一下；我们要享受无所事事的状态，因为这是一种特殊优待。所以我们照做了，同时也按下了工作的暂停键。也就是说，即使我们今天唯一印象深刻的事情就是追完了网飞（Netflix）的最新网络剧，即使我们并不喜欢这部网络剧（而且你的待办事项远比这部网络剧更令你念念不忘），我们也会觉得心安理得。

接下来我会解释一下我的观点。

2019 年 8 月，在新冠疫情引发的居家办公政策发布之前，我就开始在家工作了。我曾经认为居家办公是理想的生活方式，但事实并非如此：我发现自己被困在了房子里，不能脱身。在家时，我的工作效率最低，但工作时间却最长。这是两个极端，我似乎无法在其中找到平衡点。我仿佛是一个天平，常常从一端倾斜到另一端，不断地接近倾覆的边缘。我只是不明白——在家工作本可以是一种奢侈的体验！在家工作时，我可以穿着睡衣开会，我唯一的同事是一只非常可爱的小狗。此外，家里还有许许多多的零食。但是，尽管在家工作有这么多好处，我发现自己还是陷入了一个怪圈：缺乏创造力，心理健康状况不佳。我觉得生活突然失去了目标，每天也只是围绕着待办事项打转。我很快就意识到，自己把这一切都搞错了，我把工作和生活混为一谈，并且没有为两者预留任何的中间地带。我工作非常努力，以至于一连几天都待在家里，也从来都没有午休过。此外，我的工作效率很低，本来花 1 个小时就可以做完所有的琐碎工作，但我会漫无目的地拖到午餐时间，然后就很难再次回到真正的工作状态当中。我看似做了很多事情，却又一事无成。

我逐步陷入了自我怀疑的旋涡，我开始想：也许我只是太懒了，原来我对工作一无所知。我努力工作，投入了大量的时间，但最后却发现自己一无所获，面对这种情况，我觉得十分痛苦。我自认为工作还算努力，并且比较勤奋，但是为什么生产力却如此低下呢？

我开始意识到，要么是因为我在 22 岁这个年龄就已经累到筋疲力尽了，要么我必须放弃先入为主的"努力工作"这一概念，转而思考应该如何正确地工作。我听了一些很不错的课程，这些课程激励我努力工作，给我带来了回报。在几个月的时间里，我学会了如何了解自己。我发现了给予我动力的因素，并且在找不到动力的时候继续激励自己勇往直前。我还为自己制订了一个可持续的、富有成效的日程计划表。这一次，我决定要对自己负责。有时候我无法激励自己，但这并不意味着我比较懒惰，我只是没有察觉到将工作和生活分离后带来的舒适感，也不明白应该如何正确对待社交上的难题：因为我已经待在家里准备去睡觉了，因此，我可以拒绝晚上的聚会计划，这也合情合理。虽然这样做会让我觉得有些愧疚，但这并非是不合群的表现。在将工作和生活分开的过程中，我学到了如何了解自己，了解自己的局限性和缺点，最终改变了我的生活状态，也提高了工作效率。我的工作完成得又快又好，也更加享受自己的休闲时间。

2020 年 3 月份新冠疫情暴发时，许多人都是第一次居家办公。由于已经有了一些居家办公的经验，我在社交媒体上发布了一个帖子，分享了一则"居家办公小贴士"。人们往往在午饭后难以集中注意力，因此，我建议大家利用中午的休息时间专心看一场 TED[①] 演讲。对我来说，这样可以让我从工作中抽离出来，充分享受休息时间。而且，这样还可以防止我无休止地在 YouTube 视频网站上看视频，比如有一次，我在

---

① TED 取自 Technology（技术）、Entertainment（娱乐）和 Design（设计）三个英文单词的首字母。这是美国的一家私有非营利机构，成立于 1984 年。该机构以它组织的 TED 大会著称，这个会议的宗旨是"传播一切值得传播的创意"。——译者注

YouTube 上观看一个如何把宜家家居的电动架做成厕所纸架的教学视频，看得全神贯注，以至于错过了下午 3 点的电话。由于当时大部分人都处于居家办公的状态，这个建议受到了很多人的欢迎，但也遭到了一些人反对。有人声称："现在我们需要应对的是疫情，并不需要参加生产力比拼训练营。"随着这类言论的兴起，这则建议就像一个泄了气的气球一样被人们抛在脑后。当然，我完全支持双方观点，并且认为这两种观点都有理有据。我想要大声宣布这些观点特别正确，以及那些"如果你在结束隔离后，没有变得更好，那么你缺的不是时间，而是自律"的帖子完全脱离现实。但相对而言，我有时也需要照顾一下自己的心理状态。毕竟，良好的心理状态可以帮助我在特殊的时期渡过难关并始终保持清醒的状态，这对我而言是最重要的事情。

我的建议只是出于个人想法，旨在帮助那些可能需要这则建议的人们。如果有人对此持有不同看法，就可以忽略这则建议。现在，努力工作和关怀自我的"阵地之战"已经吹响了号角，它们势均力敌，平分秋色。但是，在这场战争中，平衡点是什么呢？有没有一个中间地带可以让我们停下来思考何时应该前进，何时应该后退？我们所面临的问题不应该是我们到底是在乎工作和成功还是在乎心理健康和社交生活，而是我们要怎样同时做到努力工作和关怀自我，即在取得工作成就感的同时，也要努力获得自我满足感。我并非鼓励大家"同时拥有一切"，那是 20 世纪 80 年代女权主义的论调。要同时做到努力工作和关怀自我，我们需要了解自己到底想要什么，想要什么时候达成这些目标，以及如何利用这两者的优点，让自己不再那么像一台毫无感情的工作机器，而是一个有着复杂情感的人。当然，在这场"阵地之战"中，有一种方式可以让我们深入了解我们是谁，我们需要什么，我们想要做什么，然后取得成功。从客观的角度来看，交战双方都不可能完全取得成功，这一点不言而喻。毕竟大家都是不同的个体，怎么能把这两个概念适用于所有人呢？我们要了解什么对自己最有效，并且能够根据实际情况来采纳建议，这才是重要的事情。

经验告诉我：不要在没有免责声明的情况下，就在社交媒体上发帖。除了了解到这点，通过这次发帖，我也了解到了并非只有自己遇到了危机。这种感觉就像自己身处一辆开往外部世界的喧嚣列车上，实际上却在车厢里苦苦挣扎一样，其他人也面临着类似的困境，但却没有人注意到他们的痛苦挣扎。意识到这一点时，我才发现，其实这种挣扎无处不在。在浏览新闻时，我注意到有人扬言不仅要努力奋斗，同时也要甘心"躺平"——他们表示，我们要学会放松，因为照顾好自己也很重要。然后，当我滑动手指，再向下看几条新闻时，却发现有人说要忙碌起来，一直奋斗到入土为安的那一天！最终，我得出了一个结论，我们不是身处岩石和平地之间，而是夹在类似电影《127 小时》（*127 Hours*）里的高耸悬崖之间。令我们稍感安慰的是，目前我们最需要了解的是：这一矛盾的真正含义，以及如何从自己的利益出发，重新定义努力工作和关怀自我之间的关系，而不是削足适履，为难自己。

我们被困在这场持续不断的战斗中，但是我们可以通过了解自己的优势、局限性、欲望和失败来充分利用我们的潜力。目前看来，似乎我们能够理解这场复杂讨论的唯一方式就是认真审视自己，明白生产力对于我们来说意味着什么，我们的"目标"（如果我们有目标的话）是什么。我们还需要了解哪些事情会为我们带来满足感，即使那些能给我们带来满足感的事情会占用我们的周末时间，需要我们投入财力，我们也心甘情愿。归根结底，我们需要真正了解自己，这样才能知道什么时候该做什么事情，什么时候该放下工作去休息一下。我们是唯一能够解决自己问题的人，这就是"赢者通吃"的观点失之偏颇的原因。

事实上，能否提高生产力和取得成功都依赖于我们能否合理掌握"平衡"的技巧。然而，"平衡"会使我们打着"善待自己"的幌子，不断拖延时间，而不是着手去做已经开始的工作。高效工作意味着我们要知道何时应该更努力一些，何时应该继续工作，何时应该休息和放松一下。我希望你能从这本书中得到一份"生产力蓝图",以帮助自己在职场中找到方向。在职场中,我们应该同时做到重视"生产力"和"关怀自我",而不是强迫人们认同其中一个概念,忽视另外一个概念。毕竟有时候,提高生产力就是另外一种形式的自我关怀,而自我关怀则是我们能够做到的最富有成效的事情。

因此,这就是我们讨论工作和生产力的概念,以及如何使两者更有意义的原因,这大概也是你选择阅读本书的原因。这本书充满激情,同时也是一次痛苦的探索,其中包含了一些我可能永远不会在网上谈论的事实。在这本书里,我深入挖掘了自身的恐惧和欲望,表达了内心深处的情感,以期与我的古怪而优秀的同代人产生情感共鸣。本书涵盖了我的探索过程、我悟出的道理以及我能给出的建议,阐明了我看待目标、生产力、激情、自我价值、成功、社交媒体、愉悦感、成就感和生活的方式。

本书并非一本回忆录,我希望这本书的价值并不取决于"网红和企业家"这一外在的作者身份。这本书也并非全是关于我的故事,因此,希望你在阅读本书的时候,能够不受我的影响。你现在要做的是和自己对话,想清楚自己真正想要什么——你在害怕什么?你的梦想是什么?什么让你感到幸福?即使这意味着你会强烈反对我所说的一些(或者全部)内容,但这才是本书能够带给你的最大收获。

　　没有人能够洞悉一切，无论以任何标准来看，没有一个人是完美的个体。如果我们脾气暴躁、态度恶劣、脆弱不堪，那么就要为此付出代价。我们每个人都注定有缺陷，而在所有缺陷当中，我们的期望存在着最大的问题（所以也希望你不要误以为我已经明白了所有问题）。就像我们会给予别人机会一样，越早抛开这种基于比较的思维，就越能给自己争取到更多的机会，同时也能够努力进行自我完善。最重要的是，为了使这些对话产生效果，你可以先在头脑中创造一个公平的竞争环境，这样就不必认为自己是所在领域里唯一的失败者，从而客观地分析自己的行为和感受。

　　我还做了一个稍微激进一些的决定（其实不应该称为激进），即这本书并非只是面向女性群体。刚开始写这本书时，我确实打算这样做，毕竟所有女作家的商业书籍似乎都是专门为女性群体而写。但是，在写作关于工作、商业或者其他方面的书籍时，女性作者不应该只是面向女性读者而创作。正如当我谈论职场时，我谈论的只是职场，并没有任何性别之分。因此，在采纳女性给出的建议或阅读女性作家的书籍时，我希望所有男性都不会感到抗拒。在我看来，如果我们没有达成这一共识，那么那些因为性别差异而没有留意到本书的人将会错过一次重要的对话。作为一名女性作者，我的写作目标是：要为年轻一代和那些想要了解年轻一代的人们而创作。

本书第一部分的主题是：深度工作。这部分主要谈论的是职业生涯。我们可以把职业生涯看作一段旅程，在这段旅程中，工作并非通往我们个人和社会定义的成功标准的唯一道路。在这一部分，我们将讨论如何选定你的旅程（目标和激情）、如何让这段旅程为你服务（生产力和时间管理）、如何享受这段旅程（心流和创造力），以及如何在旅途中设定目的地（定义成功）。人们通常会心存疑问：我们应该在什么时间做什么事情？我们应该如何做这些事情？为什么要去做这些事情？如何以这种方式"正确地生活"？抛开这些通常的先入之见不谈，我试图从整体的角度来看待现在的职场环境，以及说明这对于我们每个人而言意味着什么。

本书第二部分的主题是：关怀自我。这部分和第一部分同样重要，虽然对于全新的职场环境"生产力蓝图"来说，这部分看起来可能有些奇怪。但这就是重点：深度工作和关怀自我本就是一枚硬币的两面，二者相辅相成，缺一不可。在这一部分，我们将重新定义生产力，其中包括允许"不工作"这类激进行为存在，并将生产力重新定义为"在工作和生活中激发成就感和实现个人成功的工具"。如果你想知道为何重新定义生产力非常重要，或者原本只想读第一部分，那么在读完前言后，我建议你直接跳转至第五章，第五章是贯穿全书主题的关键所在。在这部分的其余章节我们将讨论"拥有一切"这一概念——努力去平衡一切：从工作到娱乐，再到放弃不切实际的幻想、创造现实的和真正意义上的成功，我们也会谈到关键的无为而治的艺术。我希望这本书能够帮助你在这个赞扬长处、掩盖短处的世界里充分发扬长处，补足自身短板。就我个人而言，我建议你按顺序阅读本书，并在阅读过程中标出任何觉得有所启发的地方，这样以后可以随时回顾这些内容。我知道大家并不会在书上随意勾画，但一本做满了标记的书确实令我感到很愉悦。如果某一页或者某一章节引起了我的共鸣，在我想要受到鼓舞、得到安慰，或者需要平静的时候，这些内容能够再次给我带来同样的感觉。我们每天面临着不同的挑战，但实际情况是，有时你需要行动起来、做些事情，而有时你需要说服自己、好好放松一下。我希望你能够把这本书当作笔记本来使用——可以随意在上面折页、做标记，最终让这本书成为属于你的特有记录，这才是重点。接下来，就让我们一起开启阅读之旅吧。

目录

第一部分

深度工作

第一章

找到你的目标

有人说，我们是目标驱动型的一代。老实说，这确实是一件好事。在我的领英（LinkedIn）个人资料页上，"目标驱动型领导力"这一标签闪闪发光，仿佛是为了庆祝我最近完成了一门在线商学院课程。我的企业旨在帮助他人解决问题，我一直为此感到自豪。我们这一代人普遍很认真，比以往任何时候都更加认为实质重于风格，意义重于方法。换句话说，至少我们会去尽可能地尝试一些事情。

但我认为，当谈到应该如何对待目标时，我们已经迷失了方向。或者说目标经常被作为一种概念来兜售，这种方式让我觉得十分不悦。撇开其他因素不谈，"目标"这个词有两种不同的含义。谷歌网站上显示，"目标"可以表示人们"做某事的原因"（输入"目标驱动"一词，就可以看到这类解释），也可以表示"一个人的决心"。对我来说，这意味着我们可以将"目标"简单分为两个概念,一个以目标为导向,另一个以过程为导向,这样做比较合乎常理。

但是,为什么每当听到有人说要找一份自己喜欢的工作,以便能够享受生活时,我还是会嗤之以鼻呢?每当想到"目标"这一崇高的词语时,出于某种原因,我想到的不是医生或人道主义工作者,而是年轻的社交媒体博主们光彩夺目、充满抱负、目标驱动型的生活方式。他们的工作可能是人生导师或外汇交易员,常常去海滩度假或者在私人泳池游泳。在他们目之所及,要么有笔记本电脑,要么有一个最新的科技娱乐设备,与旁边的水域形成鲜明又危险的对比。这些社交媒体博主们的工作都没问题——我相信他们可以将工作做得很好,也相信他们可以为其他向往找到工作和生活的平衡点的人们树立榜样。但我和粉丝们可以看出,因为能够一直享受这种奢侈的持续满足感,这些博主为自己放弃了"平庸"的工作而开心。这让我觉得很不舒服,对此,我只能讽刺地给他们点上一个赞。

在任何职场生活中,把目标描绘成工作重心的前提都是:触发。我认为,我们的野心并非比我们的父辈更强大,但我们确实深深沉迷于前所未有的心愿中而无法自拔。"实现梦想"是我们在网上的变现途径,而不由自主地炫耀已经实现的目标也是我们的问题所在。如果在30年前就出现了互联网,我们很可能会一直在上面看到令人愉悦的美学语录,例如,"生活的目的就是有目的地活着"。这种感觉确实很迷人，但现在的不同点在于，我们已经将目标和工作牢牢地绑在了一起，我们颠覆了"努力工作可以获得金钱，最终实现目标"这一原始轨迹，并将目标置于我们职业生涯的首位，宣称目标是生活的必需品，而不是奢侈品。

在千禧一代被贴上"目标驱动型一代"的标签后，同伴互导平台 Imperative 在领英上进行了一项调查，询问参与者关于金钱、目标和地位作为就业属性的重要性的意见。调查数据显示，参与者年龄越大，其目标导向性似乎就越强：48% 的婴儿潮一代[①] 以目标为导向，相比之下，千禧一代和 Z 世代的这一比例分别为 30% 和 38%，这一结果确实令人惊讶。但是对我来说，逻辑很简单，即我们一旦在职场中站稳了脚跟，会最先满足自己的需求，然后才会去努力实现目标。那么，即使人们从一开始就将金钱、目标和地位这三者的重要性混为一谈，也不足为奇了。我们对目标的看法已经发生了转变，从倾向于做有意义且充满激情的工作，演变为倾向于做同时给我们带来超常成就感和高额回报的工作。

人们将这一目标作为一种远大志向来宣扬，使得大家不再期望从工作中寻找意义和愉悦感，从而引发了普遍的焦虑：

---

① 婴儿潮一代泛指 1946 年至 1965 年出生的人。——译者注

如果从经济层面、道德层面和情感层面都无法跟这种优越性相媲美，那就是你自己的问题。这很符合拉斯·哈里斯（Russ Harris）博士在《幸福陷阱》（*The Happiness Trap*）一书中的现代职业观。哈里斯博士认为，幸福感指一种可实现的、持续的、稳定的峰值状态。但他没有说的是获得幸福感的关键在于人们需要拥有各种情感体验。在类似的意义上，我们似乎已经掉入了一个他人精心布置的目标陷阱——因为深深沉迷于目标，我们就会一直热爱工作，并从工作中获得快乐和满足感。在我们憧憬无忧无虑的生活时，在我们将"目标"定义为工作中的终极追求时，这一陷阱都在虎视眈眈地等待我们的到来。将这一点与我们的忙碌文化结合起来，就可以得出一个逻辑自洽的结论：如果"实现目标"就是我们的终极目标，而且这一"目标"又与工作紧密相关，那么我们就需要一直工作下去。

我们现在的目标比青少年时期选择的目标更为复杂。刚开始工作时，我们会选定一个目标，然后一生都致力于实现这一目标。毕竟，14岁就通过考取普通中等教育证书（GCSEs）[①]来选专业，我们又怎么能够知道自己的终身目标是什么呢？当

① 普通中等教育证书的英文全称为 General Certificate of Secondary Education，是英国学生完成第一阶段中等教育会考后获得的证书，即英国普通初级中学毕业文凭。——译者注

我们从学生身份过渡到职场新人时，当我们还在学习职场的游戏规则时，如何才能更加深入地认识自己的目标呢？答案很简单，并非我们不想这样做，而是做不到。

我希望大家能够转换一下思维方式，从执着于实现单一目标（这个目标可以让我们赚钱谋生，并带来成功）转换到激励他人去做出改变，使他人不断变得更好这一思维模式。即使你真的认为你有一个与工作相关的远大目标，你的生活中一定还有无数其他你喜欢的和想要深入发展的事情。正是通过觉察这种多样性，我们才能更轻易地明白何时应该向前一步、更加努力地工作，何时应该停下来放松一下，以及何时应该重新评估我们的方向。我们要学会庆祝微小的胜利，并最终从日常生活中获得更大的满足感。虽然现代社会迫使我们设定了许多硬性目标（生活要以工作为重心），但我们也可以利用业余时间做一些自己喜欢的、感兴趣的事情，这样就不会因为没有充分利用时间和精力而落入郁郁寡欢的境地。

我们在生活中只设定一个目标，并且期望这个目标能够解决一切问题，这种做法就像是我们只有一个朋友，当我们外出、在家、放声大哭、开怀大笑，或是遇到工作难题和家庭纠纷时，只能找这唯一的一个朋友来倾诉。虽然有些人可能比较幸运，能够拥有一个灵魂挚友，但我们大多数人在每个生活阶段都会遇到很多人，在不同时刻需要依赖不同的朋友，这些朋友与我们一同成长，一同前进。一路走来，我们可能会失去一些旧朋友，遇到一些新朋友，这才是生活的真谛。同样，为了获得满足感，无论是在工作中还是在工作外，我们都需要在生活中的不同领域培养不同的爱好。归根结底，无论这些爱好对我们而言意味着什么，大家都期望从目标和爱好中获得愉悦感和持续的满足感。

你可能有些疑问：为什么我们的话题直接上升到了哲学高度？坦白讲，这就是大环境的走向。喧嚣忙碌的资本主义向我们兜售了"单一目标"的价值理念，并将我们的身份与工作联系起来，以使我们更加努力地工作。但这只会让我们专注于实现目标，从而忽略了健康的工作方式。从长远来看，当资本家们期望我们在一个新的职业迷宫中努力工作，而且被迫不断延迟退休时间的时候，这一期望不但贻害无穷，而且极不合理。无论我们如何看待资本主义，它都对我们有着深远影响：我们如何看待成功？是什么让我们感到满足？我们是否相信这一切都是合理的存在？资本主义是否"只是资本家的一种偏好"？我们要将资本主义视为一种社会背景，这一点很重要。

在现代社会中，我们在选择目标时可以根据自己的需求来塑造目标，而不是让目标来主宰我们的生活。我的目标分为不同的层次，细致入微，同时又不断变化。有时候，拥有目标就意味着我们能够创造一些令人惊叹的东西或做一些人道主的事情，而其他时候，拥有目标可能意味着不眠不休地开会。在人生的某个阶段，为了继续向前迈进，我们必须要去做自己讨厌的事情，这是我们的人生常态。不管我们是"斜杠青年"还是传统的上班族，拥有目标能够让我们自由地创造我们热爱的生活。从这种意义上来说，我的目标是：不为自己设定单一目标，这使我能不断设立较小的、阶段性的目标来激励自己工作，并确定我应该在何时停下来休息一下，以进一步提高工作效率。

"斜杠"

艾玛·加侬（Emma Gannon）在其著作《个体突围》（The Multi-Hyphen Method）中定义了这一词语。该词语起源于 20 世纪 80 年代的"组合职业"，这种工作方式基于各种技能导向的工作，因此人们需要用多个标签来描述自己（正如作者自身的标签：播客主持人/记者/作者/主持人/讲师）。

之前，我们用很长的篇幅谈论了目标驱动型的工作方式，接下来，我们将要谈一谈自我实现这一话题。

我第一次注意到现代意义上的"自我实现"一词，是在菲比·洛瓦特（Phoebe Lovatt）的《职业女性手册》（The Working Woman's Handbook）一书中（这本书里有许多实用的建议，强烈推荐大家阅读一下）。当时她采访了美国时尚杂志《青少年时尚》（Teen Vogue）的前任主编伊莱恩·维尔特罗斯

（Elaine Welteroth）。维尔特罗斯在采访中表示："我们都有义务去实现自我，这是你在这个星球上生存的唯一目的。如果你觉得自己是为了某种人生目标而存在，那你就必须去实现这个目标。"

起初，我确实不太明白"自我实现"这一概念。事实上，我觉得这个概念具有误导性。当看到"单一目标"时，我首先想到的是："又有一个人在宣扬尽早确立'目标'的重要性。"尽管维尔特罗斯在表述中加入了"如果"一词，我仍然感觉她像是在描述一个终极目标，一个激情至上、需要我们时刻去追求的目标（好像确实没有什么能够阻拦我们去追求这一目标）。所以，我放下《青少年时尚》（Teen Vogue）杂志，开始阅读一些深入的心理学著作，并决定进一步研究一下这个概念。

"自我实现"一词源于马斯洛最为著名的"需求层次理论"。马斯洛将自我实现置于需求金字塔的顶端，意味着自我的完全满足。马斯洛认为，只有在满足其他一切需求（食物、水、身体和心理安全、亲密的人际关系，以及自尊和成就感）后，人们才有可能达到自我实现的目的。因此，人们很难达到这一层级。在这一前提下，我同意维尔特罗斯的观点，即我们一直以来都在追求满足感，无论能否实现自我，我们都应该持续追求这种满足感。但随着我们来到需求金字塔的顶端，因为需要同时满足太多不同的需求，我们突然觉得压力倍增。随着时间的推移，我对自我实现这一概念有了更多的了解，并试着将其与现代的工作和生活结合起来，从而想到了一些非常有趣的解决目标问题的方法。

关于自我实现，词典给出了简单的定义："一个人能够发挥或者展现其才能和潜力（尤指每个人的驱动力或需求），即为自我实现。"

虽然我很少借用心理学家的理论，但对我来说，如果将自我实现置于当今的社会背景下看，这一概念就意味着：无论是在工作还是在生活方面，我们都需要拥有各种各样的爱好。正因为我们认为获得满足感是自己的终极目标，也是基本需求，我们才需要持续努力以获得满足感（我正在追求自我实现），而不是将其视为一种工具（我已经实现了自我）。如果能努力在工作中实现自我，我们就是在不断地践行这一理念：相较于以"实现目标"和"获得满足感"为终极目的，我们会在日常生活中逐步实现目标，获得满足感，即使最终没有实现目标，也不会因此感到沮丧。从这种意义上说，当我们一直在做自己热爱的事情时，就是在不断实现自我。这些事情既包括与所爱之人聊天之类的小事，也包括从事时装设计职业之类的大事。

维尔特罗斯认为"我们所遭受的磨难并不会为我们带来荣耀"，我觉得这句话很有道理。她认为，世界上并不存在这样一个终极目标——我们为其承受痛苦，但因为太过热爱这个目标，在努力时就不会觉得是在受苦。相反，我们有义务将工作与爱好结合起来，并在其中倾注更多的热情。对我来说，维尔特罗斯强调了在日常工作和生活中发现目标和爱好的重要性，我们要尽力将工作与爱好结合起来。但同时也要理解，这样做并不总会立即给我们带来快乐，我们只是在践行一位职场人士的职责。

越能理解这一原则，就越能将自我实现看作一种将工作和生活逐步结合起来的方式，这种方式比任何常规、新颖、扭曲的目标都更加细致入微、层次分明。"工作"是一个动词，虽然我们将其视作一份职业，但它确实是我们在做的事情。为了享受工作，我们需要在这个过程中寻找快乐。我确实相信，通过彻底重新定义"目标"这一概念，我们对其的理解也更加深入。这一定义摒弃了这样的想法：我们的终生目标就是做一份喜欢的工作，这份工作会不断带来快乐和成功（以及帮助我们支付日常开销），但无论是否热爱所从事的职业，我们都无法切实地在工作中体验到愉悦和激情。我并非要说服大家坚持做一份自己不喜欢的工作，只是我们可以将工作和爱好结合起来，或者努力在工作中投入更多热情，以使自己更加享受这份工作。自我实现的美妙之处在于，它可以帮助我们认识到工作并非生活的唯一目的，并且告诉我们如何让工作服务于自身，以及如何在工作中发现快乐。自我实现能够帮助我们积极看待当今的职场生活，并带领我们走上正确的道路。

毋庸置疑，我们需要特别考虑实现"目标"这一问题。白领和中产阶级人士是目标驱动型工作理念的坚定支持者。在我们的文化背景下，总会有人喜欢"自由职业者"的工作方式，认为这一职业非常光鲜亮丽，但这种方式和传统的辛勤工作的方式有所区别，或者说，我们不需要再用看待传统的辛勤工作的方式来看待自由职业者的工作。正因为如此，我认为我们有必要对此展开讨论。即使很多人已经到达了马斯洛需求层次理论的顶端，他们仍然认为自由职业充满了不确定性。与50年前相比，我们在工作和生活中有了许多新选择：我们应该如何工作？应该为谁而工作？前所未有的行业和工作种类似乎每天都在涌现。新型"信息技术类"工作不断出现，这让我们感到困惑和不知所措，但有人说："我们应该为自己有权去选择这些机会感到庆幸。"面对如此众多的选择，在试图确定目标的时候，我们确实很容易迷茫。大量的机会摆在眼前，如果我们无法做出选择，就会觉得是自己出了问题，从而苛责自己。

最令人困惑的是，虽然我们比以往任何时候都拥有更多选择，但对工作成就感的看法却非常狭隘。然而，想要轮班工作、支付账单，同时还有时间和精力和朋友出门，这有什么不对呢？为什么我们会认为拥有"单一目标"很崇高，而不愿意承认拥有"单一目标"这一想法很不现实，也不是很多人真正想要的生活呢？想要努力工作、赚取金钱，以获得经济自由，使自己生活得更加充实，这是一件非常有成就感的事情，相比于幻想成为一名前卫的皮短裤设计师，这一想法要更加实际一些。那么，为什么我们会认为这一想法无法带来坚实的财富保障呢？是因为我们认定这一选择无法成为自己的目标吗？在资本主义社会中，我们为何瞧不上那些无法倾注所有热情努力赚钱的人呢？在我看来，我们应该在日常生活中追求不同的爱好，而不是试图通过实现单一目标来满足自身的日常需求，这才是公正地看待工作的唯一方式。

在匆忙寻找目标明确的完美职业时，我们似乎忘记了一件事：我们本可以从父母那一代学到很多东西。即使工作只是为了谋生，我们也可以试图在工作中发现自己的爱好。社交媒体令我们沉迷其中，不断发展的技术让我们对即时满足感越来越上瘾，进而使我们像避开瘟疫一样避开讨厌的一切，只去做自己喜欢的事情。其实，通过不断磨炼技能，打造自身优势，我们可以受益良多。但与此同时，有些人会认为"变化"有百害而无一利，这种观点已经过时了，我们应该摒弃。现在，我们这代人比以往任何时候都更有能力去拥抱变化，并相信"改变"工作通常并不意味着放弃工作，而是为了更好地向前迈进。关注自我实现，意味着我们即使转换了职业路径，之前花在学习和探索上的时间也不会浪费。正如我们都耳熟能详的那句话：随着成长，我们的爱好和价值观也会发生变化——这是人生的必经之路。

你可能会想，上面这些内容确实很有道理，但如何才能在工作中做到自我实现呢？我们可以把自我实现看作不同爱好的长期积累：如果我们每天都做许多令自己充满激情的事情，那么，从理论上来说，我们就找到了自我实现的关键。这些兴趣爱好可以是暂时的，也可以贯穿整个职业生涯。一旦我们发现了它们，正如维尔特罗斯所言，我们就有责任去探索和维持这种爱好。我们需要明白，我们喜欢什么？什么给予我们动力？或者换句话说，在这个充斥着外部干扰的世界里，什么能够让我们快乐地沉迷于其中？

现在，你可能正在读这本书，并担心自己没有任何爱好（其实很多人都会这样想）。在当今社会，每当听到"爱好"这个词时，我们很容易想到一些具有创造性的东西：音乐、艺术、设计、电影、摄影、表演、舞蹈等。我们倾向于将创造性爱好视为最有"成效"的方式，并对其他类型的爱好不屑一顾。难道一个人的其他爱好就不能具有实用性吗？如果有呢？这类偏见实在是太无聊了。

因此，我们需要拓宽"爱好"的含义。我认为"爱好"

是一种兴趣或任务，当我们专注其中时，就会进入一种心流状态，并感到满足。例如，我喜欢将事情概念化，也非常擅长做思维导图。我喜欢从单一的想法中推导出一个概念，放下手机，然后专心地去研究这个概念。我认为，与一些宏大爱好（时装设计或者舞蹈）相比，思维导图是一种微小爱好，是一种适合于任何工作的活动。每当我想到一个营销活动，设计

心流

对于心流，我最喜欢的描述是：在一种状态中，人们全身心投入到一项活动，似乎其他一切事情都无关紧要。这种体验令人感到非常愉快，以至于即使需要付出巨大代价，人们也会坚持去做这件事情。

出一个作品，甚至想出一种新的工作汇报方式时，我都会用到思维导图（在 IBM 任职时，我甚至可以将思维导图和 Excel 表格结合起来汇报工作，这件事情至今仍让我引以为傲）。可能你已经发现了自己的宏大爱好，但却很难辨别出自己的微小爱好。是什么让你忘记了时间？是与有趣的人交谈、设计图像、讲述故事吗？这些事情都可以成为你的微小爱好。

对我来说，当我将"爱好"看作一款找出长短的游戏时，就能更加轻易地理解这一概念。从短期来看，做喜欢的事情会为你带来成就感——如果一整天都沉浸于某项工作，下班时，你总是会感到更加充实。从长期的角度来看，你将不再满足于

这种零星的充实感，转而更加注重自我实现。在日常生活和工作中，专注于追求这种微小的和宏大的爱好，随着时间的推移，你就能够实现自我。每个人达到自我实现的时间期限都不同，但你确实能够感觉到（也许你已经感觉到了）这一时间的更迭，或者可以预估一个目标达成的时间。需要注意的是，所有工作都存在令我们感到厌烦的地方，即使我们身处自己热爱的行业，有时也会倍感压力，从而出现负面情绪。因此，我们需要调整好心态，坦然接受这一事实。

在现实中，宏大爱好通常由许多微小爱好组合而成，这就是我们喜欢微小爱好的原因。但如果不喜欢做一件事情的过程，就很难享受事情做成后的成果。比如，医生是一份很伟大的职业，也许你也很想成为一名医生，但如果你不喜欢动手缝合伤口，就不会想当一名医生。之前在 IBM 工作时，我很享受公司带给我的光环（以及薪酬），但归根结底，我不喜欢那里的工作过程，因此后来选择了离职。如果当时我留在这家公司，只有每天都处理很多工作，才能得到一点满足感，长此以往，相信我在这家公司也不会待太久。因此，我们如果能确保每天都在一些微小的爱好上面花些时间（在某些日子投入更多时间），就能在喜欢的事情上走得更远。即使要在短期内做一些不喜欢的事情（例如被迫考取资格证书、索要发票、申报税费等），我们也不会觉得无聊。

现在，我们需要谈一谈理论，以帮助我们更好地实践这一概念。从现实意义上来看，如何才能更好地实现自我价值呢？为了实现这一目标，我们可能已经不知不觉做了很多事情。人类都有自我满足的天性，即使我们喜欢的事情并不能改变生活，但我们还是很乐意多做一些自己喜欢的事情。

第一步：审视目前的工作状况

首先，你应该从以下几个方面出发，认真地审视自己目前的工作状况。

● 你喜欢花时间做什么？

● 你不喜欢哪些事情？

● 让你开心地结束一天的工作的原因是什么？

● 让你筋疲力尽甚至沮丧地结束一天的工作的原因是什么？

第二步：考虑你的选择

在目前的工作岗位上，你有没有办法多做一些你喜欢的事情？关于如何做到这一点，下面是我给出的一些建议。

● 参加额外培训，努力提升你的技能。

● 在工作中承担更多责任。注意，这意味着你将增加额外的工作量（至少在最开始是这样，因为在承担更多工作时，你通常不能立即放下原有工作），所以在做决定之前，要听从自己的内心选择。

如果你在工作中采纳了上述所有建议，也发现了自己的微小爱好，但仍难以在工作中实现自我，那么也许是时候做出改变了。

在做出极端的决定前，问问自己：真的需要换工作吗？

问题 1：在所在团队中，有没有你喜欢的岗位？这个岗位和你的岗位有什么不同？

问题 2：是否可以和经理谈一谈，尝试变换岗位，以更好地追求自己的爱好呢？

对于上述问题，如果你的答案都是否定的，那么确实应该考虑换一份工作了。为了找到能够帮你更好地实现自我价值的岗位，回顾一下你在第一步里的答案，问问自己：哪份工作可以让你更好地发挥潜力？为了确保能做出正确的决定，避免再次陷入目前的处境，你可以问问自己如下几个问题。

问题 1：最初为什么选择现在的工作？

问题 2：换工作时，需要考虑哪些工作因素（薪资期望、工作地点等）？

问题 3：什么样的工作既不会侵占个人生活，又能让你履行工作职责、维持生计，还可以让你在业余时间里实现自我价值？

一生中，也许你会多次问到自己这些问题。我们都处于不断的变化中，在不断成长时，我们无法期望自己总是处于静止的幸福状态。现在，人们比以往更加希望可以将生活与事业分开，至于成功与否，这取决于我们如何尽可能地面对和掌控这种矛盾。我觉得，在面对自己不喜欢的工作时，你也可以允许自己适当抱怨，不需要假装对自己的工作感到满意。但是，你不能为了实现自我，就任性地冲出家门，丢下工作不管。这两种情况之间存在着很微妙的界限，只有你才可以真正去定义这一界限。自我实现的美妙之处在于它的多元性和主观性——在一个浮躁喧嚣的世界里，如果你能够实现自我价值，就是独一无二的存在。一旦你实现了自我价值，就可以站在自己的角度来审视这个错综复杂、令人困惑的工作世界，从而更加自信地去改变自己的生活状态。同样，自我实现也能让你放下焦虑，不再为了使工作更有意义和成就感，而去改变整个生活状态。也许我们需要花点时间来了解一下，什么会有助于实现自我价值，什么可能会发生变化——最重要的是，什么会随着我们的改变而发生变化。读到这里，让我们一起达成以下共识：我们是复杂的生物，我们的世界并不会因为单一目标而变得简单。因此，不要再在生活中执着于追求单一的线性目标了。

　　这一共识也适用于我们的日常生活。在工作中，虽然能够发现自己喜欢的领域非常重要，但我们不应该只追求在工作中实现自我。在生活的不同领域，知晓哪些事情能够令自己感到满足和快乐，是我们得以踏实生活的关键。一旦我们做了许多喜欢的事情，无论这些事情是什么，我们的生活质量都会得到提升，这一道理似乎很明显。但我并非指：如果我们在工作中擅长演讲，就应该做一些演讲稿，然后常常在朋友们面前进行演讲；如果我们热爱工作，就应该一直拿着手机处理工作消息……以上这些做法都不是我们讨论这一话题的本意。但在工作和生活中，人们确实可以通过进入心流状态而受益，我们将在第三章中进一步讨论"心流"这一概念。读一本好书，看一部不错的电影，和朋友一起开怀大笑，出门放松一下，听听美妙的音乐，认真做一顿美食，这些事情都可以让我们进入心流状态。在生活中，我们可能会做一些非常有意义的事情，例如人道主义工作，或照顾所爱之人，虽然这些事情没有金钱回报，但这些事情可以给我们带来无限的满足感。我们可能在努力工作和关怀自我之间达到平衡状态，或者深陷其中一种状态无法自拔，但只有在工作和生活中都在某种程度上实现了自我价值，才是最重要的事情。想要在工作和生活之间达到平衡，需要遵守的第一条规则是：不要执着于在工作和生活中都投入同等的精力，而要在生活和工作的各个方面都做自己喜欢的事情。

即使我们实现了自我价值，也并不意味着我们的身上从此就环绕着胜利的光环，从此可以一劳永逸。如果为了这一目的而追求自我实现，那我们永远也无法完成这一目标。毕竟我们都是普通人，能做的就是学会了解自己，了解我们的工作习惯、弱点和局限性，并以此为基础认真生活。

最重要的是，自我实现拓展了我们对于成功的整体认知。与"目标"非常相似，从我们出生那天开始，人们就在不断地提醒我们什么是"成功"。无论我们选择走哪条路，或者开辟了属于自己的道路，在某个时刻，总有一些人或者一些事会告诉我们终点线的风景，也会试图为我们定义必须达到的终极目标。如果你是一名律师，就要努力成为律所合伙人；如果你是一名女士，就要和一名男士结婚，然后拥有健康、有出息的孩子们；如果你在企业部门工作，就要努力成为一家跨国公司的首席执行官。在永不停息的生活洪流面前，如果我们认为成功是一种静止的客观状态，就会显得很奇怪。当我们不再执着于达成目标，而是开始重视每天能够获得哪些成就感，也不再盲目追求"终极成功"这一模糊概念时，就会夺回自身的控制权，并将这种权力牢牢掌握在自己手中——这就是我们要做出的转变。

只要专注地做能够帮助我们实现自我价值的事情，并且诚实面对自己，我们就拥有了力量，可以实现自己所定义的成

功。在过去 50 年中，我们生活的世界发生了天翻地覆的变化，
"为人父母""成为畅销书作家""银行存款超过 7 位数"，这
些设定不再是成功的唯一标准。当然，这些事情也可以帮助
我们实现自我价值，虽然它们可以成为我们的奋斗目标，但
绝不应该是唯一的目标。在全新的职场环境中，自我实现重
新定义了传统的成功和目标的概念，这是关键所在，也是其
区别所在。我们的目标就是自我实现，因此，无论是深度工
作还是关怀自我，这一新的定义都可以帮助我们界定所做的
事情。

这意味着，为了自我实现，我们需要在一定程度上具有
生产力（稍后我会解释"生产力"这一概念）。其实，具有生
产力并不一定意味着我们需要辛勤工作，但确实意味着我们需
要不断前进。有时候，我们只是合上笔记本电脑，休息一会，
就能更好地提升之后的工作状态。我并非指"因为专注于自
我实现"，我们就应该只做我们喜欢的事情，而是指我们应该
有意识地采取一些方法，以便更好地实现自我价值。这些方法
可能包括：听一些无聊的讲座，以帮助自己找到一份能够实现
自我价值的工作，或者只是埋下头来，认真去写一封书面求职
信。我之前提到过，有时高效工作就是关怀自我的最佳形式，
这在一定程度上表达了我的意思。

通过这一章内容，我不是让你执着于去提高生产力，而

是希望你能够得到一份生产力蓝图，以帮助你更加努力地工作，进而在"目标""爱好"和"自我实现"这些正确的方向上继续前进。

第二章

如何提高生产力

现在，我要正式介绍一下"生产力"这一概念。

我和生产力的关系一直很复杂。我认为自己有点懒惰，而越是这样认为，就越觉得自己幸运。我从来都不会假装自己是一个完美主义者，这样做也毫无意义。对我以及对高举生产力大旗的其他人来说，完成比完美更重要。我将效率的重要性置于完美之上，尽管这样说有点不好意思，但知道何时在某件事上投入努力会得到事半功倍的效果，这也是一种能力。我知道何时应该在某件事上投入少量时间，也知道何时应该在某件事上投入大量时间。因为明白只有自己才能够把愿景变为现实，我知道什么时候应该放下手机，沉下心来，努力在一个小时内构思出一个完整的活动。归根结底，我的懒惰成就了我的高效，这也是我能够按时完成事情的重要原因。如果你问哪种性格特征对我的帮助最大，我的答案是：成为一个懒惰的工作狂——我总是准备好随时投入工作，也总是准备好随时停止工作，去休息一下，然后继续前进，这样才能恢复精力去完成更多的工作。

相比于精疲力竭的状态，当你对自己过于心软而使自己处于不利地位时，就更需要读一读这一部分的内容，来帮助你辨别"深度工作"和"关怀自我"的区别。当你需要鞭策自己的时候，或是需要瘫在沙发上放松一下的时候，希望你仍然能够坚定自己的信念，知道应该如何做出正确的选择。"深度工作"和"关怀自我"是这本书的两个重点，你需要做到游刃有余地在这两者之间转换。

我们都需要工作，但最好以聪明的方式工作。聪明地工作意味着我们的工作有成效、效率极高，并且能够产生与预期相符的结果，因此我们将有更多的时间去做我们喜爱的工作或者休闲活动。有人认为："聪明地工作，就不必付出努力。"我并不认同这类说辞。要做到聪明地工作，前提是我们需要花费大量的时间来透彻地了解自己，严格审视自己，这是一件很困难的事情。而且，随着职业生涯的发展，这项职业的难度也会不断增加。有人认为，一旦我们学会了聪明地工作，之后

> **聪明地工作**
>
> 　　找到几项最重要的工作，投入全部精力去创造最好的结果，你的工作效率将处于巅峰状态。

的一切就会顺风顺水，这一说法似乎并不客观。能够提前退休、每周只工作 4 小时、拥有一份称心的工作，或者获得升职加薪的机会——这都是我们的愿望，但要实现这些愿望，我们都需要沉下心来蛰伏一段时间，并不断努力。对我来说，这段蛰伏经历确实很难熬，相比之下，我更愿意和朋友们一起出门聚会。但为了获取物质保障，在别无选择的情况下，有人甚至可以去送外卖或打零工，这也是一样的道理。如果我们要想实现自己的目标，就需要经历这样的蛰伏时刻。

在过去的一年里，我意识到，人们对待工作的方式极大地影响了我的工作方式。当我第一次意识到自己正在改变这种基于"分享文化"的工作方式时，我发现到处都是"宣布文化"。然而，当我试图进一步研究这类文化时，却找不到任何关于这一文化的深入讨论。在我看来，宣布文化就是：我们倾向于向外界宣布我们正在做的事情。因此，从一开始，我们就对要宣布某件事情感到焦虑，因为我们需要努力实现"已经宣布的"目标，还需要根据已宣布的目标数量（而不是质量）来判断我们和其他人的成功。我意识到，这是因为无论一件事情是否有用，我都非常想把它做完。当我看到自己完成的任务量时，我所获得的满足感远远大于没有取得有效进展的遗憾感。当然，也许这样做有时能提高我的自信，让我相信自己可以把事情做好，进而提高我的工作效率。但坦白讲，这在很大程度上是我为自己的拖延症找借口。

我曾一度依赖于通过职业道德获得的外界认可来生活。我专注于"表演"得像一个企业家，"表演"得像一个首席执行官，做一些可以让我自豪地宣布的事情，极力证明自己工作了几个小时，炫耀自己完成了多少待办事项（我的待办事项清单的长度简直令人吃惊）。但却没有思考过：虽然我在某些方面取得了进展，但我用的是最佳解决方案吗？我下周要去的地方真的是为了工作吗？明年要去的地方也是为了工作吗？事实并非如此。"完成"工作可以提升我们的自信心，我们还倾向于追求即时满足感，这意味着我们通常会优先选择去做简单的工作，而不是重视事情的实际进展。我们极力追求可以让我们公开炫耀的"生产力"（为了获得自我价值和来自社交媒体的荣誉感），这表示我

深度工作

计算机科学家卡尔·纽波特（Cal Newport）[1]教授对深度工作的定义是：深度工作是任何"在完全专注状态下进行的专业活动，它会将你的认知能力推至极限"。这些活动创造了新的价值，提高了你的技能，而且难以被他人复制。

---

[1] 卡尔·纽波特（Cal Newport），麻省理工学院计算机科学博士，《深度工作》（*Deep Work Rules*）一书的作者。

们只是局限于做表层意义上的工作，并拦阻自己真正地去取得深刻的进步。如果你发现自己也在这样做，就需要摒弃这种错误的生产力观点。你需要为自己的工作和事业建立起真正的基础，以此获得真正的动力，进而实现自己的目标。简单来讲就是：效率不能等同于完成传统的待办事项的程度。你必须拥有一份正确的待办事项清单，里面包括需要深度工作才能完成的任务、针对更大目标的全面性任务，以及一些快速勾选框。

接下来，我们要深入聊一聊提高生产力的技巧，但我们首先需要明白什么是"苦口良药"。我可以将世界上所有的建议都告诉你，但如果你对自己不够诚实，这些建议对你而言也毫无意义。除非你能做到对自己坦诚相待，否则就是在浪费时间。大多数人都对他人有所隐瞒，但这并不代表对自己也要有所隐瞒。也许由于我们的内敛品性，我们已经失去了对自己保持诚实的能力。无论想要偷懒还是想要努力工作，你都需要对自己保持诚实。坐下来放松是因为自己需要放松，还是因为只是想丢下尚未完成的工作？社交媒体打着关怀自我的旗号，建议我们戴上口罩、取消所有工作会议，但我们不能完全被它蛊惑，因为这些建议虽然有用，但并不十分客观。除了自己，没有人知道你需要做什么，所以要做到对自己坦诚相待，清楚地了解自己：你需要透彻地了解自己的长处、界限、欲望和失败。

如何管理时间

你如果想要过一种高效能的生活，就要学会管理好自己的时间，因为这样能让你安排好时间去做想做并需要做的事情，进而有效地减轻压力。假设你需要完成许多事情，虽然这些事情都很重要，但都意义不大。它们毫无顺序地、不断地在你的大脑中盘旋，当压力的浪潮不断袭来时，你需要明白应该如何有效地把这些事情写下来，并对它们进行分类管理。时间管理是压力管理的一种方式，学会了时间管理，你将找到成功的关键，并始终保持清醒状态。

为了成功地管理时间，你需要确定首先要做什么，哪些是重要的事情，以及如何保持头脑清醒。熟练地洞察这些问题应当成为你的第二天性，如果培养出了这一天性，当压力的波涛再次袭来时，你就能探明压力的来源，在压力的海洋中尽情遨游，而不是被迫跳进水里，呛一鼻子的水。你可能听过这句话："如果需要完成某件事情，可以让房间里最忙碌的人来完成。"这句话基本正确，因为那个最忙碌的人的工作效率可能很高。在蒂姆·费里斯（Tim Ferriss）的《每周工作4小时》（*The 4-Hour Workweek*）这本书中，我第一次了解到效率与效果的概念。尽管我不认同此书中的部分观点，但书中关于生产力、效率的内容绝对很重要。人们就这个话题展开了大量的学术研究，从提高生产力以及保持工作的可持续性、方向性这两个方面来看，书中这一部分的内容无疑特别正确。费里斯总结了效果的概念，并简洁地介绍了其含义："做那些能让你更接近目标的事情。"并且，他对效率进行了描述："以最有效的方式完成一项既定任务（无论这项任务是否重要）。"这两句话结合起来具有巨大的威力，可以在很大程度上帮助你区分出哪些是忙碌无意义的工作，哪些是高效能、有组织性的工作。

时间管理的第一法则是：分清事情的轻重缓急。显然，如果选择不去做某件事情，这件事情就不是你需要优先考虑的事项，这同时也是"苦口良药"的第一条原则。相比于说"我没有时间"，你可以说"这件事并不重要"，这样就不会陷入因为渴望自律和进步而自我苛责的状态。我们需要承认，有些事情确实不是我们优先考虑的事项。相信我，我有过这样的经历，也知道要做到这一点并非易事。但一旦明白了有些事情不是优先考虑事项，你接下来需要决定的事情就是改变或者是接受这一事实。这两种情况都可以接受，具体应该如何选择，取决于你下周、下个月和明年的目标是什么。

如果没有做非优先考虑的事项，并且承认这些事情确实不是你的优先选项，你会觉得沮丧吗？如果是，就可以改变一下优先考虑事项的顺序。无论是改变优先考虑事项的顺序，还是接受一些事情并非你的优先选项这一事实，你都掌握着最终选择权。如果最终仍然没有达到自己的期望，那你就需要改变自己的期望，而不是优先考虑事项了。

如果你还在纠结自己应该做什么，也不知道应该在什么时候该做什么事情，我强烈推荐你试一下艾森豪威尔法则（图 2-1）。这一法则侧重于区分待办事项中的"紧急"任务和"重要"任务，这样你就可以决定是否需要去做某些任务。如果需要去做某些任务，与其他任务相比，这些任务的优先级别又有多高？这样做可以帮助你梳理清楚任务内容以及应该暂时放下的内容。

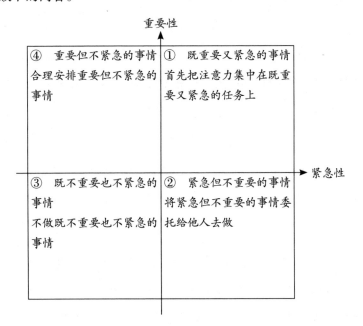

图 2-1 艾森豪威尔法则

艾森豪威尔法则不仅不复杂，还可以帮助你找到一些基本原则，让你在现在和将来都能发现值得花时间去做的事情。就我个人而言，我发现自己会在头脑中自动将所有事情按照紧急和重要的程度来分类。虽然这一分类方式欠缺条理，无法告诉你具体应该做什么和不应该做什么，但无论如何，只要使用了这一分类方式，你就在时间管理方面迈出了一大步。

一旦确定了所有的任务，根据每项任务的轻重缓急程度，你需要合理安排这些任务。以我为例，我很擅长安排任务，这并不是在自吹自擂。在完成大学学业的同时，我经营着两家公司，并管理着我的社交媒体（同时保持理智），这意味着我确实拥有了 10 000 小时的时间管理经验。在大多数事情（即使是别人聘请我去做的事情）上，我都认为自己并非专家。但是，如果你分给我一大堆任务，并且断定我无法把它们全部完成，那么我的做事效率会令你大吃一惊。这样做有利也有弊（一想到事情欠缺条理，我就有点心慌），但我知道多线程任务管理是我的优势，也是别人多次要求我进行分享的内容。世界上没有放之四海而皆准的万能方法，我们需要不断尝试，找到最适合自己的方法。接下来，我将分享一下自己的时间管理方法，供大家参考。

首先，我的主要工作原则是基于清晰的待办事项和敏锐的觉察意识，即清楚地知道自己必须要做什么，这是高效处理任务的关键所在。不管有多忙，我都要保证待办事项一目了然，否则就很难完成所有的事情。

第一步：使用电子日历

你可能会想：这就是你的建议吗？你在开玩笑吧？我竟然浪费了几十块钱买这本书。

但现在已经是 2021 年①了，我们都知道，电子日历可以帮助我们记住连自己都忘记预定过的事情。使用电子日历还有一个好处，就是可以将任意一种电子日历绑定在邮箱上，这样就能实时收到自己预定的提醒。软件商店里有各式各样的电子日历可供选择，所以试一试吧，相信你也会找到最适合自己的那一款。我用的是谷歌的电子邮箱和日历服务器，这两款软件确实令我受益匪浅。电子日历可以让你提前几年预定将来的提醒事项，并且在接近截止时间时发出提醒，这样就可以按照提醒专注地做事，而不需要像小孩子一样在日程表上凌乱地记一些事情。

电子日历的另外一个好处就是：你可以为不同的工作内容设置不同的日程表，并且将社交生活和职场生活分开，这将有助于实现工作和生活的平衡（我们稍后会谈到这一平衡）。另外，清晰的事项分类也可以让你的内心变得更加宁静。

———————

① 作者写作本书的时间。——译者注

第二步：使用纸质日程表

接下来，我要谈一谈纸质日程表。

我强烈建议你使用可以显示出一周内容的纸质日程表，这样就可以将整个星期想象成一个整体。每周日晚上或周一早上，在开始工作前，你可以把电子日历上的所有事情都誊写到纸质日程表上。我知道这听起来很不可思议，也确实要花费大量时间，但誊抄工作内容并非只是一种机械操作，借此机会，我们可以全面地视察我们的任务，即使事情突然发生了变化，我们也能做到临危不乱。这项誊写工作可以让工作任务一目了然，与其带来的好处相比，在誊写时所花费的时间确实微不足道。

第三步：创建待办事项表

下面我要谈一谈使用待办事项表的益处。待办事项清单已经过时了，现在，待办事项表更受大家的欢迎。在使用艾森豪威尔法则将所有任务明确分类后，你可以创建一份待办事项表，它将帮助你有序地安排确实需要去做的事情。

请思考一个非常严肃的问题：为什么你的待办事项清单看起来就像音乐排行榜前 40 名那样杂乱无章、毫无头绪？下午 5 点钟，当你发现自己还有一大堆事需要处理时，肯定会感到崩溃。事实上，你需要明白，所有任务的优先级别都不一

批处理任务

为了从"自动巡航"过程中受益，你可以使用大脑的同一区域来批量处理类似的任务，并且进入"心流"状态！

样。我的待办事项表以批处理的基本原则为基础，可以让我一天内的所有工作都一目了然。在每天开始工作前，我都会填写这个表格，为了使所有任务有序排列、清晰可见，我还会在表格里填上当天无法完成的任务。考虑着手做某件事前，你可以将所有的任务进行优先排序、形象化整理和分门别类。因此，虽然填写这个表格需要花费 5 分钟的时间，却会节省后续大量时间。尽管这看起来像是做华而不实的文字工作，但如果你不花这 5 分钟去整理这些事项，就无法在繁重的工作面前保持理性和冷静，也很难按时完成所有事情，更难满足较低优先级的"需求"（比如去健身房、跟朋友见面、出门散步等）。

表 2-1 这份待办事项表仅供参考。

表 2-1　待办事项表

速战速决栏	任务栏	项目栏

速战速决栏：指那些只需要花费 5 分钟或者不到 5 分钟的时间就能完成的事情。

● 例如："通过通信软件回复工作事宜""更新'照片墙'动态""通知同事参加办公室派对"。

任务栏：指那些要花上 30 分钟的时间才能完成的事情。这些工作需要我们付出一些时间和精力，但是一般只有 2~3 个小任务。

● 例如："给产品团队写一封关于'可持续时尚'的产品邮件""起草一封回复律师的邮件""审核应用小程序的研发报告"。

项目栏：这些工作都非常耗时耗力，通常无法在当天完成，但结束一天的工作时，我们仍会想起它们，下一周亦是如此。

● 例如，"设计新产品""对竞争对手进行全面的市场调查""准备财务报告"。在同一个时间段面对这些任务时，可以将其分解为一些小任务。例如，"设计新产品"可分为以下几个环节。

○ 在 WGSN[①] 网站上研究季节性的潮流趋势

---

① WGSN 成立于 1998 年，是一家趋势预测服务提供商，为时尚、生活、设计、零售、电子商务等多个行业提供趋势预测、创意灵感和商业资讯。——译者注

○ 制作作品集情绪板 [①]

○ 确认新产品所需的材料数量

○ 大致设计式样

○ 写下具体规格

○ 发给产品团队进行评审

当你知道自己将在某周做某个项目时，在首次规划该周的待办事项表时，就可以将这个项目分解成多个小任务。这样就可以明白自己是否需要别人的帮助，并清楚地知道完成整个项目需要花多少时间。

第四步：填入待办事项

一旦创建了一份待办事项表，在开始工作前，你就可以将需要完成的速战速决事项、任务事项和项目事项分别归类。你可以看一下自己的日程表，然后把一天的所有任务分别安排在对应的任务栏中（记住，两个电话之间的 15 分钟间隔非常适合用来完成速战速决栏的任务）。为了安排好所有事项，我使用了"时间分块法"，如图 2-2 所示。

---

① 作品集情绪板块是指通过一系列图像、文字和样品的拼贴，来展现设计师对一个项目的情绪。——编者注

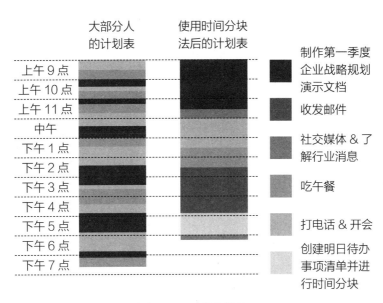

图 2-2 时间分块法

任务批处理 + 准备工作 = 时间分块法

"时间分块法"这一概念不是我发明的，但我确实非常喜欢这个概念，以至于你可能会误以为我在给它做广告。时间分块法为我的生活提供了极大的便利。你从事什么样的工作、是否是自由职业者、有几年的工作经验、是否还在上学等，这些因素决定了你拥有多少可以自由支配的时间。无论是为了安排一周的工作，还是希望在晚上和周末开展副业，时间分块法都非常适合你的需求。

这个概念很简单：尽可能地将一天划分为多个时间块，并将每个时间块用于完成一项特定任务或一组任务。如果在一天中需要接打多个电话，而且完全无法控制来电频率，那么可以使用时间分块法来设定固定的接打电话时间。当你提前查看自己一天或一周的时间表时，审视一下哪个时间块还可以安排一些新任务，然后，在日程表中加上这个时间块，并将其视为一次约定（实际上是和你自己的约定）。这样做可能需要调整一下午休时间或提前开始工作，但在理想情况下，1~1.5 个小时的时间块比较适合处理一些批量任务或项目。如果你的日程表上还有许多空白时间块，就可以以这些时间块为基础来安排你的一周。例如，就目前来说，我安排了周二下午、周三全天和周四下午的时间来写作这本书。

合理使用时间分块的最好方式是充分了解自己以及自己的工作习惯。你在早上最有创造力吗？我就是这样。因此，我尽力留出早上的时间来集中处理工作或者整理这本书的写作素材。你要做的最重要的事是了解自己以及自己的思维运转方式，并以此创造一种有规律的生活。私事应该和任何固定的工作承诺一样重要（我明白，私事往往很难比工作承诺更重要），要想达成这种平衡，你首先要做的就是将自己的个人目标写入日程表。你需要能够预设自己在每天或者每周取得的进展，这样才能拥有足够的进步空间。

然而，当突然出现紧急工作时，时间分块法连同其他计划都会失去作用，这确实很不幸。然而，使用时间分块法确实可以极大地提高生产力和工作效率。因此，无论这些紧急工作有多么出乎意料，一旦设置好了时间块，你总会有更多的时间来完成这些额外的任务。因为一些紧急的事情通常会在当天晚些时候出现，这也意味着在这些事情出现前，你就已经完成最重要的工作了。时间块可以帮助你合理、高效地利用时间，但这并不意味着其他人甚至整个世界都会遵从你的时间计划。你必须适应环境，尽可能迅速、彻底地应对任何突然发生的事情。虽然你无法控制不可预见的事情，但你可以控制自己对这些事情的反应。如果你在一周内都处于高效工作的状态，对于突然出现的任何事情，你都会更加具有掌控力。人类的优势在于，当某些事情没有按照计划进行时，我们不会束手无策，我们可以灵活地处理这类情况。如果你发现这类计划外的事情经常发生，或者在事情发生时你会觉得恐慌，我建议在你的一天中安排一些以"突然出现的工作"命名的时间块，这样就为这些临时性任务预留出了时间。而如果这类事情没有发生，你就可以在一天中额外获得一些休息时间！

在此，我想额外说明的是，我的方式并不适用于所有人。能够提高时间利用率的方法还有很多，因此，希望大家不要把我的方法视为唯一的时间管理方法。但我确实希望大家至少能够尝试一下上述建议，并在找到最适合自己的方法后，将其变为自己的方法论——无论是在待办事项表中添加更多的方框栏，还是试着利用电脑来写日程表，这些方法都可以成为你的专属秘籍，你才是自己世界里的主宰。即使已经找到了适合自己的时间管理方法，你还是需要适应几天甚至几周的时间，这都没关系。我认为，只要知道什么方法对你最有成效，并且也确实知道应该如何使用这种方法，你就踏上了一条富有成效并且充满意义的成功之路。

为了让时间管理更为高效，我想要谈谈深度工作这一概念。我们之前简单提及了这个概念，但是任何卡尔·纽波特的忠实粉丝都明白，仅仅简单提及这一概念是不够的。

深度工作意味着：要接受我们会受到各种消息打扰和即时干扰这一事实，然后努力与之抗争，以保护我们的精力不受打扰。换句话说，要想进入深度工作的状态，我们需要改变工作方式，设置深度工作时间块（结合时间分块法）。在这些时间块里，我们需要排除一切外在干扰，全身心地专注在工作上面。当然，你也可以快速回复一下信息，但是你确定要随便应付一下工作，然后再用剩下的全部时间来给朋友发送一个表情包或者回复邮件（其实我们也可以设置单独的邮件往来时间块）吗？工作的效率越高，能够自由支配的时间就会越多。因此，别再沉溺于即时的满足感——你本可以变得更好。

好了，我们现在回到正题。

就时间分块法以及如何高效利用时间块而言，深度工作完全适合这个话题。纽波特的深度工作概念可以直接用时间块来呈现，这清楚地说明了深度工作和浮浅工作的区别。与深度工作相反，浮浅工作是指"不需要意识参与，没有逻辑关联的任务"。你需要问一下自己，你会使用哪个时间块来处理这项任务或者其他任务，同时又要保证能够合理安排这些任务呢？如果你要进行的任务风格并不相同，将这些不同的任务放在同一时间段中处理，并没有益处。先让自己沉浸于深度工作中，然后再集中精力处理浮浅工作，这样才能够提高工作效率。

深度工作意味着我们可以利用最有价值的时间块，通过实际行动来完成计划。如果这样做，我们就能在保证质量的前提下高效完成工作。你在退休前都可以将每个小时划分为独立的时间块，但是还需要合理使用这些时间块，并且保证自己不受外在事物的干扰。否则，这些时间块除了会让你的日程表看起来更好看、更忙碌，很难带来其他益处。

当一项任务比较无聊且无法让你进入心流状态时，进入深度工作状态对你来说可能是一个挑战。我的深度工作阶段大概如图 2-3 所示。

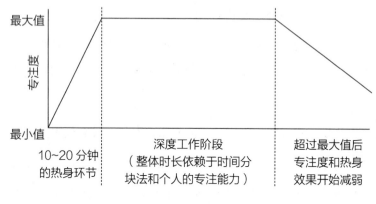

图 2-3　深度工作阶段

热身环节是最为重要的环节，如果你对即将展开的工作提不起兴趣，这一环节就会变得更加困难（也因此变得更加重要）。在进行深度工作时，你需要让

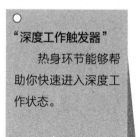

"深度工作触发器"
　　热身环节能够帮助你快速进入深度工作状态。

自己在大部分时间里尽可能地处于高效的工作状态。当然，你也可以直接开始工作——毕竟在大多数情况下，自律能让我们更为专注。但和运动一样，如果在开始运动前能够拉伸一下，会带给我们许多益处。就我个人而言，热身环节能够让我的工作变得更加高效，并且让我的专注力更为持久。我很喜欢这个"深度工作触发器"，它能够让我保持专注。你也可以试试这个方法，博采众家之长，不断尝试，让自己逐步进入深度工作的状态。

如果你刚结束某一种类型的工作，我建议你继续开始做相关的任务，因为这些任务会让你更快进入工作状态。相关任务可以通过各种方式联系起来。例如，如果你正在撰写新能源相关的文章，可以先随便写点东西，让自己进入写作状态，或者读一篇文章或去短视频软件上观看相关的视频以获取灵感。对我来说，我会先花 10~20 分钟做一项或者几项下列中的事情，然后再开始深度工作。

1. **阅读相关的文章或者博客**。我认为阅读博客很有效果，不管要完成的工作任务是什么，阅读相关主题的文章可以使我快速进入工作状态。博客上的文章都比较短小精悍，阅读它们还有一个额外的好处，就是我们能够很快读完，不至于陷入无休止的阅读状态。无论你在做什么，给自己设定一个时间限制。你可能会不断发现许多有趣的文章，但如果不给自己设定清晰的时间限制，就会陷入无边无际的信息海洋当中。因此，保持自律很重要！

2. **写下自己当时的想法**。如果你的任务是撰写一篇简讯，在开始写作前，可以先记下一些关于这个主题的零散句子。我们要将完美主义抛诸脑后，这些开头的句子并不需要完美，甚至也不需要留到最后，我们只要持续去写就好。

3. **设定目标**。提前写下你的深度工作目标，这个目标不需要很大，但是需要明确且简洁。先设定一些能够完成任务的小目标，然后开始行动。

如果你刚刚完成了一个完全不相关的任务，例如，在开始写作前进行了演讲或者演示，那么你要做的第一件事情就是让自己回到现实中来。这就像是我们身处一家高级餐厅中，刚刚品尝完一道佳肴，在品尝另一道菜品前需要先恢复一下味蕾一样。尝试去做一些能够集中注意力的事情，即使这些事情与你想要投入的事情无关也没关系，然后通过读一篇文章或者做其他类似的事情来回到主题。

与深度工作相反的是事务性工作。我们都知道事务性工作是个无底洞，会毫不留情地吞噬掉你的时间。事务性工作是任何工作都无法避免的一部分，对于一个初出茅庐的大学生，或者在一家小型公司工作的人们来说尤为如此。但我们不需要过度看重这类工作，只需要把它们当作无法避免的事情就好。事务性工作会阻碍我们进步：这类工作让我们误以为自己的工作效率很高（可以不断在待办事项清单上打钩），但实际上，这类工作就是一个无限消磨我们时间的黑洞。

事务性工作会化身恶魔，在阴影中翘首以待，以寻找时机吞噬你的时间和创造力。下面是对抗这一恶魔的三条法则。

● **在开始一天的工作前，不要先做事务性工作**。这一点尤为重要，绝对不要先做事务性工作！如果你没有听进这个劝告，那么你可能要在下午 2 点钟才能完成事务性工作，那时你的创造力已经消耗殆尽，也需要休息一段时间。我知道你的出发点很好，也知道你只是希望快点做完这类工作，但是你所做的只是一些不需要费太多脑力、本可以在当天晚些时候再完成的工作。虽然不断在这些选项前打钩会让你感觉很棒，但这时再想要进入深度工作状态，然后尝试取得实际性的进展，就会比较困难。

● **设置邮件闹钟**。设置查看邮件的时间（一天内只允许自己查看两到三次邮箱），然后关掉邮件自动提醒通知。虽然无法及时查看每一封邮件，但我保证你的工作效率会极大提高，这才是最重要的事情。当然，如果你的工作重点就是回复邮件，请忽略这一点建议。单独设置回复邮件的时间块，会令你受益，但请务必保证你回复的只是工作邮件！

● **委派**。这点对任何自由职业者来说都尤其重要。根据我的经验，如果你是一名自由职业者，并且能够找到助手，你应该花时间去做只有你才能完成的事情，然后将其他工作委派给团队的其他成员来做。几乎所有的现代经济学家都持有这样一种观点：按照专业来为从业人员安排工作无疑是最佳、最高效的工作方式。很明显，有些人（包括我在内）不想将自己的工作委派出去，想要独揽整个任务，但能够理解自己和团队的优势，并信任与你一起工作的同事才是取得团队成功的关键。在你的团队中，你最好把某些任务交给比你更优秀、更有效率的人去做，然后在其他地方为他们做一些能发挥自己优势的工作。

进一步提升高效工作人士的效率

也许你已经做了我提到的一些事情，也许你有自己的方法，并且认为自己已经很有效率，或者这些技巧也许并不适用于你所从事的工作。但是，如果你想成为时间管理大师，下面是一些通用规则，每个人都可以通过运用这些规则来使自己变得更有效率。

1. **了解你的任务实际上花了多少时间。** 如果你的评估出现了错误，那么就很难有效地完成任务。你可以拿出一周的时间去监控、记录自己写一封简单的邮件或完成一个较长的项目所花费的时长，这样就能更快地了解自己的工作流程和能力上限。

2. **适当休息一下。** 在这一点上，我做得还不够好。当我处于心流状态时，我会花几个小时去做一件事情，直到耗尽所有精力才肯罢休，然后在当天的其余时间就很难专注去做其他事情。当工作接近截止日期时，虽然投入全部时间和精力去工作可能是我们唯一的选择，但我们不能让这件事情成为常态。关于一次应该工作多长时间，大家的看法各不相同，但我认为这完全取决于你的工作类型、需要的专注度以及你的工作偏好。仔细思考以下问题，并且试着探究你的最佳工作时长：你在一项任务上可以专注多长时间？请注意，在做某些任务时，你如果能够比其他人专注更长时间，就可以为这些任务安排出专属的时间段。例如，做项目时，我可以高效工作 2 个小时，但在大约 40 分钟后，我就很难再专注下去了，而最重要的任务还需要再花费 1~1.5 个小时才能完成。所以，你可以尽可能地根据这些局限性来为自己的任务设置完成工作所需的时间。有时候你很累，筋疲力尽，不能像平时那样集中精力，如果可以的话，休息一下。如果没法休息，你可以缩短一天的工作时间，定期休息一下，进而让自己保持昂扬的精神状态。只是要特别注意，你在休息的时候不要分心。

3. **在周末休息一下。** 你如果因为这一周"完成的工作太少"而养成了在周末加班的习惯，就会陷入徒劳无功的循环状态，永远没有足够的休息时间。一周中，你可以尽可能地延长工作时间，但在每个周末，你可以理直气壮地为自己留出休息时间。毕竟，身体才是革命的本钱。

4. **给自己设定最后期限。** 要在同一天里结束多件事情确实有压力，虽然这些事情的截止日期是同一天，但这绝不意味着应该在一天内完成所有的事情。要想完成这些事情，提前做好准备很关键。你可以根据自己的时间块来设置截止期限，合理分配每项任务需要花费的时间（参考第一条建议），也可以给自己设定一个早于任务截止日期的时间，一旦提前完成了工作，你就能够更加轻松地平衡这些任务了。早在大学时，我就非常喜欢提前给自己设定截止日期，这样我就有时间睡个懒觉，而不是挣扎着爬起来去工作。凡事预则立，不预则废，这就是我学生时代的感悟！

5. 整理工作空间。试着在办公桌上放一些植物，将桌面打扫干净，将文件合理归类，让你的工作空间尽可能地整洁美观，这些看似微不足道的事情都能极大地帮助你集中注意力。

6. 两分钟法则。企业家史蒂夫·奥兰斯基（Steve Olenski）分享了他提高效率的关键技巧：如果你知道自己可以在 2 分钟或更少的时间内完成一项任务，那么可以立刻去做这件事情。在某种程度上，我很赞同这句话。但这样做可能会打乱你的计划，所以要确保你拥有自制力，能够明白做 4 个 2 分钟的小任务和只做一个大任务的不同。但如果你在沉浸于创作状态时突然想到一件小事情，那就先不要去做这件事情。加利福尼亚大学尔湾分校的一项研究表明，人们在被打断思路后，平均需要花费 23 分 15 秒才能再次集中注意力。想想这样做会让你在一天中写出多少质量欠佳的邮件，又会做出多少糟糕的决定。我不知道你的想法如何，但我宁愿多花 1 个小时吃午饭，也不愿浪费那么多时间去“匆忙又敷衍地做某件事情”。

7. 召开并出席有效的会议。一般而言，会议耗时比较久。

我建议提前计划，以确保你能在最短的时间内得到最大的收获：事先写下你的问题，并确保有相应（各式各样）的议程。毫无疑问，有时候一封电子邮件就可以解决需要开会商议的事情，因此，即使这样做效率不是很高，也尽量不要为了显得正式而去安排开会。另外，如果你选择了开会，就要在开会过程中集中注意力！我们很容易将会议视为行政上的"例行公事"，但这一看法不太客观。如果你出席了会议，那就需要在开会时保持全神贯注。在开会时，我不推荐大家携带手机和笔记本电脑，这样可以减少外界的干扰，在参会时保持专注。

8. 使用一些能够帮助你集中注意力的应用软件。其实我们有很多选择：比如在手机上下载软件，在电脑桌面上安装插件，或者开启新闻推送免打扰功能。我最喜欢使用的是"专注森林"这款应用软件。使用方法是：你可以在一段时间内种植一棵虚拟树，但在此期间不能使用手机。这款软件单凭一己之力就将我的大学期末复习效率提高了几倍，而且它也是为我们的任务设置时间块的绝佳方式。你还可以在这款软件上添加好友，与好友一起按照专注时长的排名情况来角逐植树冠军。另外，我强烈建议你在笔记本电脑上安装一个新闻推送拦截插件。你可以只在早晨醒来后和想赖床时无意识地刷一会手机，然后充分利用好工作时间去高效工作，这样就可以省下时间去做自己想做的事情。

9. **关闭消息提醒**。当你第一次关闭消息提醒时，可能会时常看一下心仪对象是否发来了消息，但你会发现自己渐渐减少了查看消息的频率。但是，这一做法并非适合所有人——如果你的上司希望你处于随时待命状态，希望你不会因为错过了工作消息而责怪我。针对这种情况，你可以设置一个"不在办公室"提醒，以提示人们你正在离线工作。一般来说，当别人打扰你时，他们根本不知道你当时正在专注工作，因此，关闭消息提醒可以帮助你提高远程工作的效率，也可以在最大程度上帮助你集中注意力。我知道这样做可能不会那么容易，但你可以与团队成员开诚布公地聊一下，告诉他们自己这样做的必要性。现在，人们很少使用电子邮件了，大多数人都转而使用即时通信软件，你需要尽可能地为自己排除干扰因素。同样，在办公室里工作也很容易受到电话铃声或者其他同事的干扰，但每个办公室都有不同的功能，你可以去无人的会议室或前往隔壁的咖啡馆工作，这样就可以有效避开这些常见的干扰因素。

10. **专注于当下任务**。专注于你正在做的任务，而不是一心多用，这样你会取得事半功倍的效果。

11. **听从自己内心的声音**。听音乐会提高你的工作效率吗？还是会干扰你工作？对此，每个人都有不同的答案，但你需要明白自己想从工作中获得什么。我一直在强调一种理念——在工作时，尽可能让自己只专注于工作。只有高效地完成了任务，我们才能够留出更多的时间去做自己想做的事情。

12. 制订当天计划。在开始工作时，我们可以先努力让大脑活跃起来。为了有良好的精神状态，我喜欢计划一些待办事项清单以外的事情。例如：与运营团队通话后，我会尽力保持通话时的集中状态再做一些其他工作；我会为自己做一顿美味十足、营养丰富的午餐；今天我将利用"专注森林"这款软件专注工作 5 小时。

13. 增强自己的优势。帕累托法则指出，大约 80% 的结果来自 20% 的原因。尽全力做好最重要的 20% 的事情，结果就会大不相同。我特别喜欢一些经济实用的方法，比如：阅读文章和研究报告，阅读书籍，看视频教程。我们并不需要

帕累托法则

理查德·科克（Richard Koch）的书《帕累托 80/20 效率法则》（*The 80/20 Principle*）在很大程度上普及了该项法则。在这本书中，作者将该法则描述为"80% 的结果来自 20% 的原因"。他认为："通过专注于最重要的 20% 的事情，你可以用更少的努力、时间和资源来取得更大的成就。"这一理论当然有其局限性，毕竟立即放弃 80% 的工作，去做你最喜欢的 20% 的工作，并不会给你带来多少好处。但是，这一法则也告诉我们：要专注于增强自己的优势。这对于我们来说很有启发意义。

取得某个学位，才能彻底了解某一学科。但要记住，这样做的前提是，我们需要不断练习。

　　14. 勇于说不。练习拒绝毫无意义的会议、午餐邀约和项目工作。当然，当你在工作中获得更多自由时，也会更加有能力和信心拒绝他人。但一般来说，我们要注意自身的表达方式和实际能力水平。无论你处于职业生涯的哪个阶段，习惯于说"不"都不是一件易事，但能够做到这一点也非常重要。如果你就职于一家传统公司，可以和上司聊聊你的工作量——他们越了解你的工作，就越能站在你的立场上考虑问题，甚至在你需要时或者当更高级别的人对你施压时，他们会为你出面挡住压力。你可能认为上司不会为了你出面，毕竟这确实在某种程度上取决于你和上司的关系，但合理安排员工的工作量也是上司的职责。在此，我再重申一遍，沟通是解决问题的关键！

　　15. 任务与时间。尽可能按照任务量而不是时间来工作。数着时间工作确实很无聊，这样做既会浪费你自己的时间，也会浪费别人的时间。你可以先了解自己的实际能力，再根据自己的能力来完成任务。你是否发觉自己很难集中注意力？若是如此，你可以先给自己安排一些简单的任务，并且保证自己能够得到休息。但要确保自己能够合理安排休息时间，而不是随心所欲地去预留过多的休息时间。如果上述做法对你没有效果，那就可以先休息一下，然后再继续工作，或者如果在工作允许的情况下，也可以提前结束一天的工作，然后休息一下。

16. 提前安排待办事项清单。 在一天结束时提前安排好第二天的任务，你不仅能充分了解明天的情况，也能在晚上过得更加愉快——毕竟你已经提前安排好了第二天的任务，而不用一直惦记着这些任务或担心明天的未知情况。但要注意，不要盲目前进，井然有序地安排才最重要！

17. 利用你的通勤时间。 充分利用通勤时间可以帮助你更好地进入工作状态：听振奋人心的播客、阅读待办事项清单、为会议准备问题、阅读一本书。无论通勤时间长短，从长远来看，你都需要在通勤过程中花费大量的时间。因此，积极地看待通勤过程很重要。需要注意的是，虽然这条建议可以帮助你更好地"深度工作"，但你也可以利用通勤时间来更好地"关怀自我"，有时候，你真正需要的是利用通勤时间来放松一下。虽然上面的方法确实可以提高工作效率，帮助你进入工作状态，但当我工作过度时，我喜欢用相反的方式来利用通勤时间——放慢一点脚步，给自己买一份美味的食物，给朋友打个电话。其实，你应该如何利用通勤时间并没有标准答案，这取决于你真正想要的是什么。

18. 锻炼身体。 选择你喜欢的运动形式，每周进行一些体育锻炼。如果你不喜欢一项运动，就很难坚持下去（正是基于这一想法，我才得以建立起自己的事业）。众所周知，体育锻炼有益于我们的身心健康，能够一直坚持锻炼却并非易事。在每个工作日的早晨，我都会抽出 20 分钟的时间去做一些喜欢的运动（通常是举重或间歇性有氧训练），正是因为运动，我的大脑才得以一直保持高速运转的状态。

19. 好好吃饭，多喝水。 饮食不仅是为了填饱肚子，也是为了滋养大脑。了解哪些食物有助于集中注意力，哪些食物妨碍集中注意力，这一点很重要。我有个比较有趣的生活习惯：如果我在午饭时吃了很多洋葱，下午就无法集中注意力。了解到这一点后，我就会在吃午饭时避免接触洋葱这类食材，这样做有助于我在工作时集中注意力（也可以防止散发出不好闻的气息）。另外，多喝水会让你常常光顾洗手间，这样可以避免因为久坐不动而昏昏欲睡——这一点对于居家办公人士来说尤为重要。

20. 行动起来！ 感觉自己的工作效率不高吗？觉得自己没有创造力吗？不知道如何开始工作吗？答案是：行动起来吧！在你漫无目的地刷手机时，不要再抱怨自己没有灵感了，可以放下手机，尝试去写一些东西。重要的不是你写的内容，而是这样做会让你的大脑活跃起来。

制订适合你的日常规划

在生活中，我们每个人的规划都带有强烈的主观意愿色彩，但我认为，我们都需要重新审视自己的规划。这并非指我们需要严格制定一份学校课程表式的时间表，我也并非想让大家将每个时间段的安排都精确到分钟。我认为，我们都可以制订出一套真正符合自己工作和生活方式的规则，并从中受益。制订一个日常规划，其实就是要找出最适合我们的方法。

诚然，如果你是一名自由职业者，你会比刚开始在公司工作时拥有更多的自由。但要记住，新的工作环境往往比你想象中的要灵活得多。当前的教育体系可能使你误以为职场环境既僵化又无趣，并让你对其感到厌烦。其实，你的上司只是想让你尽可能地把工作做到最好，毕竟这会让你的上司和公司受益。但你能在工作中发挥多大的作用，完全取决于你自己。如果你喜欢在早上其他员工到来前就开始工作，或者一旦办公室变得嘈杂，你的创造力就会低下，那么就可以跟上司协商能否将自己的上班时段改为早上 8 点到下午 4 点。如果不开口，你就无法为自己争取到这一权益。有些上司（尤其是年纪较大或缺乏经验的管理者）可能会拒绝你的变更请求，因此，在协商时，你要表现得专业一些。证明自己的能力并努力工作，你做得越多，就越可能获得更多的信任和自由。

在制订日常规划时，我会使用一个独家公式。之前，我确实说过自己不喜欢那种学校课程表式的严苛时间表，但当我向一个朋友解释我是如何在大学里制订适合自己的日常规划，并且对其不断进行升级时，下面这一数学公式是绝对的亮点：

仪式 + 习惯 = 日常规划

仪式由纪律来促进，是我们在日常生活中有意识遵循的概念和规则。例如，我们可以在早上快速练一下瑜伽，或者拉伸一下身体。我们可以主动把起床时间提前 10 分钟，这样我们就有时间去做这些事情。

习惯是我们经常执行的潜意识行为。例如，我通常会在早上 6 点起床，然后按部就班地洗澡、穿衣服。

日常规划正是上述两种因素叠加的结果。日常规划不是一个固定的时间表，而是习惯和仪式的不断积累，由此我们可以将其应用于处理其他承诺。

随着时间的推移，仪式可以演变为习惯，这才是真正神奇的地方。习惯是一种备用引擎，当我们需要它时，它就会启动。同时，习惯也是动力的安全网。事实上，我们并不会一直都有动力。当我们把自己从床上拖起来去跑 5 千米的时候，激励我们的并不是动力，而是自律，是自律让跑步成为一种仪式或者习惯。事实上，我们并不总是自发去工作，是自律和习惯驱动我们去工作。我们需要良好的习惯来保持常规，而这种常规会让我们高效地工作、快乐地生活。

那么，应该如何创造良好的仪式和习惯呢？

我很喜欢《掌控习惯》（*Atomic Habits*）这本书。作者詹姆斯·克利尔（James Clear）认为，习惯（微小的改变）可以改变我们的人生。他表示，我们不需要着眼于一些宏大的事情，只需要定睛于细微之处，我非常同意这句话。我们的习惯定义了我们。习惯是我们一遍又一遍做的事情，这些事情叠加在一起，最终形成了决定我们生活轨迹的规律（我没法去重述他的整本书，但我真的建议你去读一读）。从本质上讲，真正的改变都始于微小的事情。创建仪式，将其转化为习惯，并将习惯作为创建日常生活的规则。

当我审视自己的习惯时，我倾向于认为自己是一台能够修复自身缺陷的机器。克利尔在他的"潜力高原"理论中多次谈到了这种感觉，以及如何克服这种感觉：我们通常认为习惯改变的轨迹会呈直线上升的态势，但实际上这种改变是缓慢的，而且在一开始，这种线性增长往往令人失望，所以很多人会在这个时候选择放弃。只有通过这个"瓶颈期"，我们才会获得"巨大成功"。尽管如此，我发现很难去面对这种失败感，这时候我们需要引入仪式，使创造新习惯的过程更符合人类本性。虽然我知道这些仪式可能永远不会成为习惯，但为了优化日常生活，我还是会引入不同的仪式。我试着提前 10 分钟起床，因为在经历了多年的在最后一分钟起床后，我意识到 10 分钟的清醒意识比 10 分钟的额外睡眠要宝贵得多，但这永远取决于我是否决定将闹钟上设定的时间提前。我的其他仪式还包括一些松散的"规则"，比如要先完成最难的任务。这还不算是一个习惯，而且可能永远不会成为一个习惯，因为它不会每天发生，而且太抽象，无法成为一个具体的习惯，但这是提高我工作效率的经验法则。我的建议是：可以根据我们的工作偏好和能帮助自己达到最佳工作状态的事情来制订自己的日常规划。

读到这里，你可能不知道适合自己的仪式是什么，这就是仪式的迷人之处。我知道，在一句话中同时出现"日常规划""工作"和"乐趣"这些字眼，可能看起来很矛盾，但接下来我会给出具体解释。最重要的是要记住，习惯就像其他事情一样，会随着你的技能、优先级和偏好在你的一生中不断变化。你需要清楚这些变化的方式和时间，并相应地改变自己的日常生活。你的习惯可能会随着季节或生活中发生的事情而改变。夏天，你可能会在早上 5 点就极具创造力，但是在冬天，一想到要在早上 8 点之前就开始工作，你可能会非常抵触。如果你在前一天晚上因为参加活动而睡得很晚，第二天早晨就会很难起床。了解你的习惯是为了适应和了解你自己，但是，不要只是执着于按照计划行事，因为你是社会中的一员，难免要与外界发生联系，也难免会遇到各种计划之外的事情。一旦出现紧急工作，你将不得不放弃对于计划的控制权。

如果出现任何紧急工作，使用一些仪式帮助你顺利应对这些突发情况。例如，当我要结束一天的工作时，即使出现了突发情况，我也不会惊慌。我会直接打电话给相关团队，询问具体情况，然后拿出一份可行的行动方案。如果我和朋友已经有约在先，我会临时请求朋友取消聚会，然后做一杯不错的饮料，并放一些音乐，有时甚至会点一份外卖。以前，我通常会在工作时强迫自己必须达到最佳工作状态。现在，我会理性地安慰自己："你怎么还在工作，应该去休息一下了。"

那么，应该如何建立你的仪式呢？

分别写出你喜欢的和讨厌的事情，重点标记出你最喜欢的事情，找出哪种习惯对你有效类似于发现如何实现自我价值的过程。虽然你喜欢在床上躺到下午 2 点，然后在下午 6 点的时候出门吃饭，但如果你还想让自己在日常生活中不断进步，那么你就不会想让这些日常做法成为你的习惯。

你可以问自己以下几个问题。

● 哪种晨间习惯能让你感觉最平静，并为接下来的一天做好最充分的准备？

● 在一天当中，你在什么时候工作效率最高？

● 你的哪些工作习惯最让你感到焦虑？

● 你觉得在一天中哪个时间段很难进行高质量的工作产出？

● 你希望自己有时间去做什么？

● 为了实现今年的目标，你需要在日常生活中做出哪些改变？

　　分析你自身和工作之间是如何相互影响的，多做那些让你感到快乐和富有成效的事情，少做那些不会让你感到快乐或者不太有成效的事情——大多数时候，事情真的就这么简单。慢慢来，密切关注你在什么时候效率最高，什么时候效率最低，以此建立起仪式，并且围绕这些仪式来展开日常生活。你的日常生活应该为你所用，你应掌控它，而且你是唯一能掌控它的人。从小时候开始，我们就严格恪守着一些对他人有益的习惯。但在某些时候，我们需要让这些习惯回馈到自己身上，否则我们就无法以自己的目标和偏好为中心来展开生活。

　　现在，你可以学习本章列出的所有技巧，最终成为"生产力大师"，但如果你不能高质量完成工作，这些技巧就毫无意义可言。无论你的工作是什么，或者无论你正处于职业生涯的哪个阶段，总有一些正确的做法供你参考。在继续下一章之前，我想给你留下这些建议。

　　● **使用拼写检查**。我要求公司里的每一个人都使用Grammarly①这款语法检查软件。这款软件甚至可以纠正句子的语气，使句子达到想要表达的正式程度。这款软件改变了我的

----

　　① Grammarly 软件是一款英文语法检查软件，能够检查单词拼写、纠正标点符号和语法错误、调整句子的语气以及给出语言风格建议等，方便用户更好地编辑文本。——译者注

生活，为我节省了很多时间，对我来说帮助很大。大家都期望自己能够做到语法正确，拼写无误，但如果你阅读困难或者英语不是你的母语，那么这项工作对你来说就极为耗时，并且困难重重，但有很多工具可以帮助你在这方面进行提高。

● **寻求帮助或说明**。如果你对某件事情不太确定，尽管去询问同事就好。大家都有一个共同的目标，那就是尽可能把工作做到最好。其实办公室里的等级制度往往没有看上去那么严格，在项目开始前多做一些准备工作，远比做完之后再去修改甚至重做要好。

● **自我精进**。努力做好你的工作，在你喜欢的领域更要如此，这会让每个相关人员（包括你自己在内）的生活更加轻松。如果你想要深入了解某一领域，可以尝试关注相关的社交媒体账号。这样，即使你在长时间地使用社交网络，也能够学到有用的东西。

● **磨炼技能**。发展你的长处，即使方式奇怪一些也没关系。"技多不压身，功到自然成"。在你感兴趣的领域精进，全身心投入，努力达成别人对你的期望，这是自我实现的最佳方式。

● **保持礼貌**。无论是在工作中还是下班后都要如此。每个人都有不愉快的时候，在生活中难免会遇到误解。虽然沟通很重要，但在邮件往来或者线上沟通过程中，我们通常很难理解对方的语气。遇到这类情况，要先深呼吸，再优雅地进行回应。

● **培养人际关系**。要明白，每个人都会缺乏安全感，都有缺点，也都曾遭遇过失败，即使是你的上司也是如此。努力从别人的角度去理解事情，并与你不喜欢的人建立关系。这不仅是一种更好的日常工作体验，而且也意味着你可以更紧密地与他们合作，并产生更好的合作效果。

● **不要迟到**。迟到不是一种性格特征，而是对他人时间的不尊重，也是对自己时间的不尊重。

● **认真思考**。跳出思维框架，主动进行批判性思考。提出大胆的想法，勇于唱反调：如果一个主意都禁不住内部反驳，就更别提是否禁得起公众审查了。要做到这种程度，其实并不容易，但我可以保证，总会有人因为你的坚持而受益。

● **大胆一些**。问问自己到底想要什么。在保持礼貌的前提下，勇敢地为自己争取权益。如果不开口，你就永远也得不到自己想要的东西。

● **积极主动**。让你周围人的生活更轻松。主动去做一些事情，了解通常哪里会出现问题，并且提前做好应对计划。积极主动一些，你才会走得更远。

● **付出努力**。团结同事，并认真做好自己分内的工作。你可以只做一些无足轻重的工作，但这样你也会变成一个无足轻重的人。

第三章
进入心流状态

上一章提到了如何完成工作，这对我们来说很有帮助，但现在我想谈谈如何让工作变得真正有趣，这样我们的工作本身——而不仅是工作成果（实现目标、取得成就和"完成工作"）就能为我们的生活增添乐趣。仔细想一下，我们全神贯注于工作，并且从中获得乐趣，其实这样间接实现了自我关怀。在谈论生产力时，虽然我们会自然而然地关注工作成果，即如何在短时间内完成更多的工作，但工作的过程也同样重要，那么，就让我们享受这一过程吧。毕竟，虽然我们对自己很苛刻，总把工作和产出看得比幸福更重要，但我们越喜欢某件事情，我们的工作成果和生活质量也会越好。请记住，享受工作并不是让自己过度工作，而是一种双赢。

在我们这个注重产出的时代，人们很容易落入这样的陷阱：为了尽可能地完成工作而加快做事的速度，并仍觉得自己是在进步，这种现象在我们职业生涯的初期尤为常见。

我们越来越倾向于两头消耗精力。虽然有的人可能会在工作的前五年尽可能多地投入工作，但如果不能持续下去，从长远来看，做任何事情都不会取得成效。现实情况是，我们会工作很长一段时间，并不是所有的工作都是平等的。有些工作值得我们坚持"完成比完美更好"的信条，但有些工作确实值得我们投入更多的时

> **"无聊综合征"**
>
> "无聊综合征"和疲劳综合征在症状上很相似，但区别在于触发它们的工作量。当你长时间在工作中感到压力很大甚至不堪重负时，就会感到过度疲劳。而如果你觉得在工作中没有足够的挑战，你可能会出现"无聊综合征"。

间和精力。只要我们喜欢做这些工作，这些工作就能够帮助你实现自我价值。我们一直在过度疲劳和另一个与之相似又不为人知的状态——"闷爆"之间保持平衡。虽然造成这两者的原因可能截然相反，但其症状都相同，避免它们的方法也都一样：谨慎工作，享受工作。

众所周知，享受我们的工作并不仅是只做我们喜欢的事情。如果只做我们喜欢的事情，那确实很棒，然而，现实中的职场要复杂得多。我们可以做一些自己"喜欢"的事情，并经历"特别不喜欢自己的工作"的阶段——事实上，我们都会经

历这一阶段。或者我们可以做一些不感兴趣的事情，但每天都留出一些时间去发展自己的微小爱好，以此建立起快乐、充实和富有成效的工作和生活。每天如何利用自己的时间才是关键所在。

当然，我们每天发展微小爱好的时间和程度都不同，这取决于我们正处于事业中的哪一个阶段，家庭状况如何，正在从事几份工作，为谁而工作，工作内容是什么。作为一名公司领导，我明白影响我们发展微小爱好的因素有很多。但一切都是相对的，即使我们能够专注去做自己不喜欢的事情，从长远来看，这样做也可能会对我们造成伤害——这是一份满含善意的苦口良药。总会有人比我们的处境更灵活，也总会有人比我们的处境更局促。我们每个人的情况都不同，我们度过一天的模式也因人而异，因此，我们不需要参考统一的生产力标准。我能做的就是告诉大家，不要与他人比较，而是专注于我们自身所拥有的力量。也许你会去关注街头张三的生活，认为张三永远都不会抱怨工作，因为他是自由职业者，工作自在；而你就职于一家规章制度极为严苛的大公司，或者只是某家公司的临时员工。其实，你可以专注于让自己的工作环境变得更愉快。忘掉别人，而只专注于你自己和你的工作过程。当然，当别人在职场中高歌猛进时，你环顾四周，可能会为自己的处境感到沮丧。这样的感觉确实很糟糕，你完全可以抱怨环境或嫉

妒他人，但你也可以充分利用这次机会，专注于去做自己能够
改变的事情。

好了，让我们把这一章视为对第一章内容的现实演练。
在第一章中，我们讨论了微小爱好和自我实现。对我来说，无
论当天需要完成哪些任务，要想在这一天中过得充实而愉快，
需要参照两个因素：随时进入心流状态的能力，以及可以自由
发挥创造性思维的能力。你可能觉得这两个因素听起来很普
通，对生活也没有太大影响，那就先继续阅读下去吧。

我们之前简单讨论过心流状态，但接下来，我们要深入
探讨这一概念。

积极心理学奠基人米哈里·契克森米哈赖（Mihaly
Csikszentmihalyi）在其著作《心流：最优体验心理学》（*Flow:
The Psychology of Optimal Experience*）中提出了心流的概念。契
克森米哈赖于 1934 年出生于意大利，是一名匈牙利籍心理学
家。他写了一部开创性的作品，讲述了如何在工作中寻找快乐，
以及快乐在我们生活中的重要性。契克森米哈赖强调，无论你
是谁，无论你来自哪里，你都需要努力让自己在工作中感到快
乐。他指出，这项工作并不完全是一项新发现，而且"人们从
一开始就意识到了这一点"，但他确实对心流进行了重要的研
究，并探讨了心流与工作，尤其是创造性工作的直接关系。我
们通常认为，能否在工作中感到快乐并不那么重要，但是为什

么我们要把那么多的时间花在工作上呢? 无论我们做什么, 我们都应该从自己的生产力和擅长的工作中获得快乐。

我很喜欢"心流"这一概念。根据官方定义, 一个人在承担任务的过程中, 当他的技能水平和面临的挑战程度都相当高时, 就会进入心流状态(图 3-1)。心流可以在任何情况下出现, 比如成功解答一个复杂的数学问题、专心构思一个活动、沉浸于一幅画中, 或者认真烹饪一餐美食。最重要的是, 契克森米哈赖通过他的研究发现, 人们在心流状态下最具有创造力、工作最高效、内心也最快乐。

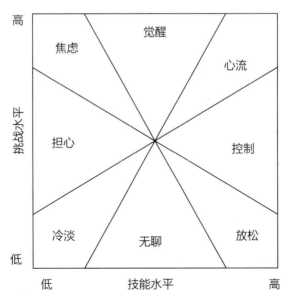

图 3-1 高技能水平 + 高挑战水平 = 心流状态

心流状态可能听起来和深度工作状态很像，之前我们简单讨论过这个概念，但还不够深入。在我看来，心流存在于深度工作中（如图 3-2 所示）：在深度工作时，当我们将注意力集中于一项任务，我们就会达到高技能和高挑战并存的完美平衡状态。换句话说，虽然当我们处于心流状态时也在深度工作，但并不是所有深度工作都会让我们进入心流状态。

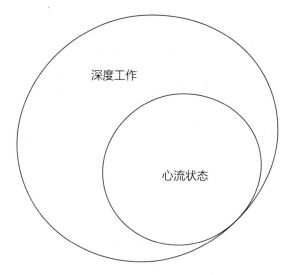

图 3-2　深度工作与心流状态的关系

　　在我看来，进入心流状态就是最好的深度工作方式，心流状态是享受工作过程而不是仅仅享受工作成果的必要条件。虽然很多工作可以让你因为工作成果而感到满足和快乐，但那些能够让你进入心流状态的工作会让你感到更加愉快。你可以认为我的想法太过刻板，但你是否曾有过这样的感觉：你在愉快的状态下完成了一项极具挑战性的任务，自己也因此变得更加自信了？你是不是曾经因为太过专注于某一项任务而忘记了时间，完全沉浸在你正在做的事情当中？这种体验就是工作过程中的快乐，也是你享受工作过程而非工作成果的自然结果。

其实，我们都应该从工作中获得更多东西。虽然一两个小时的快乐并不是持久的幸福，这种快乐可能看起来微不足道，但能够在工作中持续获得快乐却很重要，这也是值得我们所有人追求的目标。当然，正如我们在第一章中讨论的那样，我们应该在工作过程中努力创造快乐，只要我们每天都能体验到心流状态，我们就能很轻松地从工作中感受到快乐。

到目前为止，我对心流概念的解释可能听起来很普通，但我对心流的研究也给时间分块法增色了几分。所以做好心理准备，让我们先熟悉一下心流理论，然后再来讨论如何运用心流来切实改善日常工作和生活。

根据契克森米哈赖的说法，要想进入心流状态，你需要关注十大因素（但请注意，进入心流状态并非指同时具备这十大因素）。

- 明确、可实现但不太"容易"的目标。

- 注意力高度集中。

- 你做的这项任务在本质上对你有帮助。

- 内心宁静，进入一种"无我"的状态。

● 不受时间限制，高度专注于当下，以至于忘记了时间。

● 可以给你带来即时反馈。

● 知道一项任务可行，能够在技能水平和挑战之间达到平衡。

● 个人可以掌控任务完成的情况和结果。

● 不追求物质需求。

● 完全专注于活动本身。

正是在 20 世纪这一理论快速变革的时期，契克森米哈赖研究并撰写了诸多著作。当时还没有手机来分散我们的注意力、干扰我们的生活，但在那时他就指出，我们需要在工作过程中保持正念状态。从这方面来看，在如今这个时代，他的心流理论及其对在工作中实现自我价值的重要性比他第一次提出时更具针对性。基于这一点，我想在上面的十大因素中加入一个现代因素——"全神贯注"。考虑到当今喧嚣的工作环境，我认为能够做到这一点很重要。

在 2021 年，如果你能够处于心流状态，那你应该在很长一段时间内都没有去看手机。在这里，我需要阐释一下心流状态，即完全不受消息通知干扰。当我处于心流状态时，我不希望收到任何通知、电话或电子邮件。对于 Z 世代来说，这样做简直不可思议。

契克森米哈赖还指出，人们在以下情况更容易进入心流状态。

- 你有一个明确的目标和行动计划。

- 这是一项你喜欢或热衷的活动。

- 对你来说比较有挑战性。

- 能够提升你目前的技能水平。

从这个意义上说，他认为，心流可以激励人们去学习新技能，提升人们所做工作的难度："如果难度太低，你可以通过提升难度来体验心流状态。如果难度太高，你可以通过继续学习新技能来体验心流状态。"这意味着，心流不仅在当下对你有益，而且还能够推动你（甚至在潜意识层面）提升自我能力水平，并鼓励你主动去寻求新的挑战，从而获得更多的心流体验。换句话说，在沉浸于心流状态时，你就能在工作中超越自我，这真是一举两得的事情！

或许你觉得体验心流状态需要多做许多工作，但我希望你相信我，心流状态值得一试。你可以选择草草完成每件事情，毕竟只要完成了事情，就没有人会指责你。但如果你想要享受工作，想在更短的时间内创造出好的作品，建议你体验一下心流状态。这并非一件苦差事，而是一份可以让自己收获更多的礼物。

如果你已经准备好在生活中体验心流状态，第一步就是要确定哪些任务可以帮助你进入心流状态。事实上，进入心流状态的方式远比你想象的更多，而且，体验到心流状态的次数也远比你想象的更频繁（每月不止一次）。创建思维导图似乎并不是一件很困难或具有挑战性的事情，毕竟，有些人可能认为创建思维导图时只需要草草记下一些想法，然后让大脑随之一起运转即可。但对我而言，没有什么比概念化更能让我进入心流状态。重要的不是一项任务在你的头脑中是否"符合"这个"高技能＋高挑战"的心流状态方程，而是你学会了如何辨别自己是否处于心流状态，并理解哪些因素能推动你进入这一状态，继而在整个工作日内都坚持这一做法。想想一些任务是如何带给你这样的感觉：忘记时间、全神贯注、充实感、成就感，不要让自己陷入无聊或自满的陷阱当中。任何让你感觉"状态对了"的任务都可以为你带来心流体验。

心流之战

在理想情况下，体验心流状态的前提就是安静下来，开始行动。但我们都知道，即使面对我们热爱并高度熟练的任务，我们也可能很难做到这两点。因此，了解如何能够体验到心流状态才更加重要，这样我们才能在日常生活中频繁体验到心流状态。就像深度工作触发器一样，我们也需要一些工作习惯来优化体验心流状态的方法。两者的不同之处在于，因为正在做的任务是我们感兴趣和熟悉的，所以我们可能会更加容易

体验到心流状态。对我来说，要体验到心流状态，需要经历 3
个明确的阶段（如图 3-3 所示），我认为解释这个过程的最好
方法就是把体验心流状态的过程想象成一次飞机旅行。

心流区 / 体验心流时

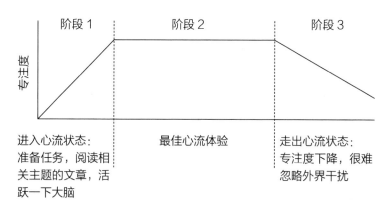

图 3-3　最佳心流体验区

阶段 1：飞机在跑道上准备就绪。

明确目的地，运转引擎，加快速度，积累动力，然后——
起飞。我通常给自己 10 到 20 分钟的时间来"预备起飞"。

在这一阶段，你可以随时准备出发，但你还没有感觉到
自己进入"飞行状态"。你可能需要从一个完全不同的任务中
过渡过来，或者因为刚刚进行了一次激动人心的谈话，就很难
安定下来并集中注意力。你很容易受到干扰，但为了能够起

飞，你必须强迫自己集中注意力。有时候，当我知道自己会在做某项任务时体验到心流状态，我会迫不及待地想去开始这项任务。因此，在大多数情况下，我只是看了一篇相关文章就开始工作了。因为我的大部分工作的类型都不同，所以无论我多喜欢做这项任务，我都会觉得自己与即将开始的工作很难建立起连接。

有时候你很喜欢某一任务，也能从中体验到心流状态，但在任务开始之初也会感觉这一任务像是一件苦差事。因此，当你还在起步阶段时，要对自己有耐心。有时，当你一整天都处于压力之下，你最不想做的一件事情就是沉浸在某项任务之中，即使你知道做这件事情可以给你带来快乐和高效的心流体验，你还是宁愿只花费一点精力去做一些表面的工作。当我处在压力状态下做自己喜欢的事情时，我知道自己就是自己最大的敌人。我经常觉得，在行动时，我应该先排除掉干扰因素，而不是先去做自己喜欢的事情。但这种想法只会让我陷入短期的成就感以及完成较小任务的满足感旋涡中，而不是脚踏实地地花一个小时去做自己喜欢的事情。了解这些陷阱后，尤其是当自我破坏的敌人潜入时，你就能够有效地对抗这些问题了。

阶段 2：你已经在飞行了！

现在一切都很顺利，飞机在平稳运行。你正在享受飞机上的娱乐活动，甚至可以啜饮一杯免费的气泡酒，再吃一些小零食。一切都在有序运转：你在稳定而系统化地完成你的任务，享受置身云端的乐趣。

在这一阶段，你全心全意专注在任务上，按部就班地完成任务，并对你的目标充满信心。我非常喜欢这种感觉。虽然这对你来说可能是一个挑战，但外面的世界丝毫不会让你分心。就像过去你打断了妈妈的电话时她所做的那样，这时，如果有人试图打断你，你也肯定会极力阻止。

阶段 3：你开始准备降落。

这部分包含了几种不同的情况。在理想情况下，你会在目的地降落，慢慢走出心流状态，但这只是一个美好的计划。因为有时候一旦没有足够的燃料，飞机就无法正常飞行。因此，你必须在中途降落，停在机场补充燃料。接受飞机下降的事实，让其安全着陆，等到做好准备后再次启程飞向目的地，或继续执行下一个任务。或者，有时会突然紧急迫降，这就需要花费更长的时间才能再次飞行——这甚至可能是一天中最后一次体验心流状态的机会。具体飞行情况如何，一切都取决于你自己的状态、你的任务和时间。

在这一阶段，你的注意力开始涣散，越来越难以忽视干扰因素，比如你可能很想要查看手机或电子邮件。在我体验心流的过程中，这类情况常常发生（有时我甚至都没有意识到），我经常以"研究"的名义去浏览某个不相关的网站，或者不自觉地拿起手机——这都是正常现象，毕竟无论你多热爱某件事情，你都有着自己的人性局限。

你的心流阶段可能和我的有所不同，关键是要识别这种状态并让自己沉浸于这种体验当中。就像驾驶飞机一样，如果你不了解气流，不知道在需要加油前你还能够在空中停留多久，也不知道起飞需要多长时间，你就无法充分利用气流来驾驶飞机。你要坚持做到倾听你自己的内心，学习新的知识，不断实践。例如，正常情况下，我需要 10 到 20 分钟的时间才能"起飞"，但如果我累了，或者刚刚完成了一项完全不同的任务，就需要更多时间才能进入状态。记下你的这些日常习惯，并利用它们来了解你自己和你的心流体验习惯。

如何识别心流触发器

心流触发器是那些你需要以此来飞入空中，并帮助你在飞行过程中充分发挥能力、获得成就感的事情。在光怪陆离的快节奏生活中，我们很少有机会直接飞到 30 000 英尺[①]的高空，并全身心体验心流状态。虽然你很可能在某件事情上能够

---

① 1 英寸约等于 0.305 米。——编者注

更快地进入心流状态，但你仍然需要确定这件事情是什么，并在你的日程表上为这件事情划分特定的时间段。任何心流触发器都可能在这里起到作用，但我发现我最喜欢的心流触发器是那些与原有任务相关联的事情。

- 阅读相关文章。

- 观看相关主题的视频。

- 收听相关播客。

- 查阅我之前对这一主题的一些论述。

在理想情况下，心流触发器会使你渴望开始一项任务，但你可能会变得过于专注这个任务。例如，阅读一篇相关主题的文章或段落，有时你太过沉迷于阅读这段内容，以至于很难走出这种阅读状态。因此，你需要在开始之前就设置好要阅读的页数，并按照具体的页数进行阅读。记住，有时候你只是需要开始行动，并全身心投入其中。

如何在心流状态下关怀自我

虽然心流体验对我们大有裨益，并且能够让我们感到充实，但是它也有自己的局限之处。就像任何能够"让我们忘记物理需求"和要求我们"全神贯注"的事情一样，心流会让我们将健康的工作习惯抛诸脑后（比如为了专心工作，我们可以几个小时不去厕所）。在体验心流状态的同时，也要保证自己能够合理休息，这一点非常重要。如果我们不能平衡好心流状态和合理休息的关系，那么在上午11点时，我们很容易出现短暂倦怠的状态，这肯定不会帮助我们提高工作效率或享受工作。此类例子还有，某天早上，我信心满满地开始工作，并深深沉浸于任务中不想停下来休息（没有经历阶段3里提到的心流消退的过程），我努力做完所有的事情，并认为自己是在做正确的事情。但一旦完成了这些事情，在当天接下来的时间里，我的大脑就会疲惫不堪。我无法集中注意力去参加任何会议或完成任何重要的待办事项，这时，原本从工作中获得的成就感也很快就消失殆尽了。

例如，上周我正在设计一款自己很喜欢的新品。（具体来说，TALA[①] 的系列服装并不是我设计的——我不是设计师，但我确实热爱时尚行业，偶尔有灵感了，我也会设计一些款式。）一般而言，设计过程需要经历几个不同的阶段——从趋势研究，讨论过去几个月积累的灵感，到与团队讨论产品概念和产出能力，开头脑风暴会议，再到绘制单个样品。当我只参与部分流程时，这可能需要花费1个小时；当我主导全过程并按照活动计划为模特拍照时，可能需要花上一整天的工作时间。

在这一天里，为了给设计团队准备简报，我首先研究了

---

① 作者创立的运动服装品牌。——译者注

服装流行趋势。我本来打算在上午 9 点到 11 点之间做这件事情，然后下午 2 点打电话，之后再开始做另一个项目（体验第一个心流状态）。但我最初的作品让我对这个系列的营销活动产生了非常具体的想法，我也开始将其具体化，不久我就清楚了哪个模特适合哪件衣服（这里的"不久"是指 2 个小时）。我十分兴奋，完全沉浸在这件事情中，最后推迟了打电话的时间，也推迟了做其他事情的时间（因为我觉得自己在做的这件事情确实很重要）。然而，到了下午 3 点钟，我的灵感已经消耗殆尽，接下来的所有计划都跟着泡汤了。

尽管下班时间还早，但我的大脑已经过度透支。我所能做的就是躺在沙发上，睁大眼睛，感觉自己筋疲力尽，但实际上，我只完成了当天为数不多的任务中的一项。而我本应做的是：在一个合理的、预先安排好的时间点停下来（即使晚一些也没关系），然后开始打电话，这样我就可以在下午 2 点后继续专注地完成剩下的工作。毕竟休息一段时间后，我的工作质量会得到显著提高。我认为，持续工作是一件很不错的事情，这样可以充分彰显自己的努力程度，但这种想法是错误的。如果我能坚持按照精心计划的时间表来工作，在一天结束时，我肯定会体会到更大的成就感。相反，我却在筋疲力尽的状态中结束了这一天。

原因：过度透支——在一种恍惚的状态下，持续、专注地工作，以至于超越了自身的注意力极限，直到身体无法再继续工作下去。

结果：

● 因为忘记吃饭或喝水而浑身发抖并感到头痛。

● 无法思考或做任何事情，只能平躺下来，盯着天花板，琢磨哪里出了问题。

● 在接下来的时间里无法集中注意力。

● 无法回到正在进行的工作当中，因为感觉自己已经筋疲力尽，永远都不想再看到这些任务了。

当然，上述症状也适用于深度工作，但相对于你太专注于一项任务而停不下来，更有可能是你把自己逼得太紧了。深度工作并不是心流状态，而是我们的专注和自律产生的结果。因此，当你处于心流状态时，你更容易掉入这个陷阱。如果你非常喜欢一项任务，那么即使你已经告诉自己要停下来，你还是会继续做下去。相信我，我们都很容易陷入这种困境，如果你很难享受剩下的工作，那就更容易陷入困境。当你专注的时间在2个小时以上时，你会发现自己有一种成就感。你会因为全神贯注于自己的任务而得意扬扬，以为自己可以永远坚持下去。但你不要被专注时长迷惑：你需要保持健康的工作习惯，以便在工作和生活中都能更好地进入心流状态。想一想，如果你花了大约15分钟进入心流状态，并且你可以成功地专注

1~1.5 个小时，那么再继续延长专注的时间就弊大于利了。这时你可以停下来去休息一下，然后再回来工作。在一趟飞行旅程中，你的飞机总要着陆，所以最好让你的引擎保持良好的状态，以便能够再次起飞。你可能拥有世界上最好的心流体验，但如果你在此之后无法继续工作，或者你再也不想看到这个重要的任务，那么这次心流体验的效果就大打折扣。如果你忽视健康的工作方式，快速完成超出你能力范围的任务，就会破坏心流给你带来的短期益处和即时满足感。

我想说的是，在体验心流状态和过度透支体力之间存在一个平衡点，健康的工作习惯是帮助你找到这个平衡点的关键。你可以采取很多预防措施来避免过度透支自己的体力。

1. 定义你的心流。

(a) 时间： 你打算花费多少时间来体验心流状态？对我来说，不应该超过 2 个小时。超过这一时间限制后，虽然我可能还是会感觉到工作带来的满足感，但在这之后，我的工作效率就会大大降低。在开始一项工作时，我甚至故意放缓进入工作状态的速度，因为我知道接下来我将会专注很长一段时间。任务具有流动性，它们会一不小心就占据你所有的时间——所以对待任务要速战速决。当然，这也完全取决于你和你当下的任务情况。例如，我发现，当我在写作而不是处理工作相关的事情时，常常会忽略时间的流逝。关键是要明白你最多能在每项任务上花费多长时间。下面是一些实用的技巧。

● 设置工作结束闹钟，提醒你走出心流状态。

● 提前规划心流时间，以便给自己留有回旋余地。比如留出 30 分钟的缓冲时间，让自己再次回到现实中来，或者只在极有必要的情况下，才稍微延长一下心流时间。

● 邀请一位同事或朋友在某个时间点来找你，这样可以帮助你走出心流状态。

(b) 任务：在这段时间里，你打算做哪些任务？这些任务又由哪些小任务组成？当你已进入心流状态时，你正处于"游刃有余"的工作状态里，这时就尽量不要再给自己增加工作任务了。

2. **为你的身体需求做好准备。**你永远都无法忽视身体需求，所以不要试图与之对抗！在进入心流状态前，你可以在桌上放一杯至少 1 000 毫升的水（如果觉得这样喝起来很困难，可以借助可循环使用的吸管），并在工作时多喝水。另外，在进入心流状态前，你最好先吃点东西，但要避免吃那些会影响你注意力的食物（就我而言，比如洋葱）。

3. **让自己处于舒服的工作状态。**让自己置身于一个舒适的工作环境中，你不需要弯腰驼背，也不会紧张不安。你应该全神贯注地体验心流状态，而不是需要时刻注意你的姿势问题。

4. **留出空间。**你要保证自己拥有独立体验心流状态的空间。家里的每个区域都有各自的功能，自己在家办公时要注意区别对待（即使只是餐桌和沙发间的区别）。不过，我并不是建议你为了能够在独立的房间里体验心流状态，而将家人赶出房间，只要你能够合理地安排自己的工作和休息时间就好。

5. **四处走动一下。**一旦你完成了工作，或者在休息的时候，就可以去走动一下，比如去洗手间、厨房，或者去办公房间之外的任何地方。如果你一直待在工作的房间里不断地刷手机，即使是在休息，你也会陷入暂时的倦怠状态。你只会无休止地刷手机或者查看消息通知，不断分散注意力，并不会得到真正的休息。因此，在休息时你可以在家里做一些运动，或者四处走一走。

你是否担心在休息过后无法进入心流状态？别担心，只要注意规则就好。如果你只是太习惯于自然而然地进入心流状态，那么你需要主动采取一些措施。你可以试着在休息前故意不完成某项任务，这样等休息后就能快速进入心流状态，继续完成剩下的任务，或者在你完成任务之前，就计划好下一项要完成的工作。明白你的心流触发器是什么，以及如何在休息过后快速回到心流状态，这一点很关键。

我们已经讨论了如何识别和优化心流状态，但目前仍存在的问题是，我们如何在生活中创造更多的心流时刻，以确保我们能够从工作中获得更多的乐趣？简而言之，通过提高自身技术水平或面临的挑战难度，我们可以多做一些能够让我们体验到心流状态的事情，或者我们可以辨别哪些事情更可能使我们进入心流状态，并在规划工作内容时，多多关注并安排这些任务。在喜欢的方向上多做一些事情（我们将在下一页深入讨论创造力），是我最喜欢的增加事情难度的方法之一。这个方法听起来不太有趣，但是多做自己喜欢的事情，就相当于延长了心流体验的时间。

现在，请扪心自问：你有没有给自己留出足够的心流时间？如果没有，是因为你已经习惯了快速完成任务，而且认为花费许多时间将喜欢的任务完成得更好也是在过度浪费时间，还是因为你的工作无法让你进入心流状态？如果是这样的话，你能否通过在你喜欢的领域承担更多的责任来为你的一天增添更多乐趣呢？作为额外的奖励，这是一种将你的职业塑造成你理想中方式的最有效的方法，因为它会帮助你争取到更多你喜欢的职位。明确来说：心流只是给你的工作增添乐趣和成就感的方式之一，但并不是唯一方式，而且也并不总是行得通（尤其是当我们做一些毫无挑战的琐碎工作时）。但如果你能够控制自己的心流状态，并至少每周让自己体验一次心流状态，你会发现，自己在周五晚上会感到更加充实。

独特的创造力

当我在 IBM 工作时，我的工作职责非常重大，当时同事之间会调侃道："我们在一家科技公司工作，做的却是机器无法完成的工作。"我的工作亮点是做了一些特别的事情：修改老板发给团队的公告，或者优化公司的分析文件，让其变得更加美观、清晰。我开始意识到，无论我在做什么，我在工作中发挥的创造力越大，我的工作就越有价值，我从做一些独特的事情中获得的成就感也就越大。

当我在谈论创造力时，我指的并非绘制一幅画这类事情。我指的是我们在处理任何任务时的创造力，因为我们都是独一无二的个体，独特的创造力可能是一

> **独特的创造力**
>
> 我们的独特性就是我们的创造力。因为我们每个人都是独一无二的，我们可以自动区分我们对一项任务的处理方式，因此这种独特性可以被视为一种创造力。

个更好的描述方式。独特的创造力之美包含两个方面：因为无法被他人轻易复制，创造力可以使我们的工作更有价值；工作和生活中的价值感可以增加我们在生活中的满足感。对于我们和我们所在的公司来说，这是一个双赢局面。先让自己变得无可替代，然后就可以享受这份殊荣带来的乐趣。

独特的创造力的重要性与日俱增。在我们所生活的世界

里，自动化无处不在，个人品牌盛行，市场也日趋饱和，而我们的独特性就是我们的力量和优势，是我们与不断涌现的、日益复杂的技术的区别所在。我知道这听起来很像是反乌托邦式的感叹："我们生活在一个机器化的世界"，但我们需要从积极和现实的角度来看待这一问题。机器已经不再是刻板的存在，从某种程度上来说，自动化是伟大的，它的出现意味着人类可以只用大脑就做到原本需要双手才能做到的事情。各个层面都越来越需要创新——我指的不仅仅是技术创新或业务创新，而是指我们在处理日常任务时所需要的方法创新。

我们的教育体系并不鼓励学生拥有创造力，这一直让我感到困惑。虽然在学校里，艺术和音乐等明确的创造性任务有一定的价值，但学校并不允许学生去做任何其他有创造性的事情。我们被教导在学校里要中规中矩，背下正确答案，取得好分数，而不是去寻找一个新的解题思路。我们都知道，把事情做好，按照纪律去做事有很多益处。但现实是，我们中的许多人毕业后，在一个越来越重视创造力的世界面前，往往会束手无策。

将事情做好的方法有很多种，但最好的方法就是用我们自己创造的独特方法去完成任务。我们应该让工作成为自己的工作，而不是别人的工作。当然，这取决于我们在每项工作和任务中能做到的程度，但我真的相信，我们肯定能做到更多。

我认为，一旦我们允许自己自由地去探索自己的思维过程，我们会发现自己也更加享受这段旅程。

与其他的触发器一样，我发现创造力触发器对于提高我在工作中的创造力非常重要。你的创造力触发器可能与我的不同（所以我才称之为"独特的创造力"），但肯定有一些相似之处。找到你的创造力触发器，使用它们，然后在需要的时候使之改变，并且承认你的实践将会推动和改变现实。我想强调的是，即使你认为自己不需要在传统意义上具有创造力，这些方法仍然有用。即使面对最无聊的任务，你的独特创造力也会发生作用。因此，你越频繁地使用创造力触发器，你的工作质量就会越好。创造力是你创新的机制，所以你一定要重视自己的创造力。

把寻找创造力触发器想象成试图入睡的过程：你必须放松自己，让你的思维自由驰骋。我知道我在干预你的生活，但当手机在旁边嗡嗡作响时，你就很难入睡。所以，你可以把手机放在另一个房间，或者至少开启"勿扰模式"。如果你想追求创造力，不要让自己半途而废，要全力以赴。

我将这些创造力触发器分为即时触发器和生活方式触发器，并按它们在你生活中发挥的作用来排序。如果你此时此刻需要创造力，那就使用即时触发器，让你进入心流或深度工作状态，并考虑在你的日常生活和习惯中添加更多的生活方式触发器，以获得更持久的创造力。

即时创造力触发器

你无法全部采纳以下所有建议，并且其中有些建议对你来说完全没有意义。但你可以尝试下列建议，并找出适合你的方法（这句话确实是真理）。我的创造力触发器完全取决于我的心情状态或大脑清醒度——当我参加完热闹的活动后，我通常需要安静一会，而当我结束工作任务时，我通常需要去热闹的环境中放松一下。多试几次这些方法，如果感觉没有效果，就可以将它们抛诸脑后。注意辨别哪些方法对你有效，然后去做更多的尝试吧。

1. **阅读**。读几页你喜欢的书。这会帮助你酝酿并激发灵感。

2. **写作**。随便写几句话。只要开始写作就好，可以把你的想法写在纸上。我发现写最奇怪的句子（刚开始是写日记或我的感受）真的可以激发我的创造力。

3. **做思维导图**。这是我最喜欢的方法！即使你的思维导图还不是非常完善，你也会惊讶地发现，仅仅是联想一下相关的词语就能对你即将开始的任务产生很大的影响。

4. **画画**。画一幅不相关的画，让你的思维活跃起来。你可以借助绘画软件来描绘周围的场景。

5. **听播客**。你听的内容最好与你即将要做的工作相关，即使不相关也没关系。我认为对话类的播客内容对我帮助最大，每次听时就像在和朋友交谈一样。我发现听 10 ~ 15 分钟的播客可以让我在这段时间内集中注意力，忽略消息通知。播客可以让我进入一个对话的空间，随时激发我的想法。

6. **进行对话。**告诉朋友你将要做的任务，这可能会改变你的观点或帮助你进一步发展你的论点，或许还会为你带来意想不到的新视角。接受不同的观点对我们来说没有坏处。正如人们所说，只有将学到的知识传授给别人，你才能真正掌握这些知识。

7. **预设你会得到的反应。**当完成工作后，你希望人们如何评价你的工作？是"原创性""很有创意"还是"眼前一亮"？不管人们的评价如何，你都要提前预设自己想要得到的评价，并按照这一预想来努力工作。每当我在写这本书时，尤其是当我决定是否要写这本书时，我都是这样做的。想象这本书能为人们的生活带来哪些改变，以及希望人们会如何谈论这本书，能够让我在脑海中有一个大概预想，并知道我需要如何努力。在你阅读这本书的过程中，希望你的评价能够验证我的预想。

8. **改变你所处的环境。**如果可以的话，可以去当地的咖啡馆或在公园里办公，换个环境总会对你有所帮助。坐在办公桌前工作很容易让人感到疲惫，如果你整天都在办公室里工作，那就更容易感到疲劳。

9. 看一场 TED 演讲。集中精力并做一下笔记——你同意哪些观点，反对哪些观点，你的理由是什么？以此锻炼你的批判性思维能力，你就会更加具有创造力。

生活方式创造力触发器

下列这些建议关乎生活方式，你可以从更广泛的层面来进行实践。当然，你不能在进入心流或者深度工作状态的前一刻才将这些建议付诸实践，但这些建议值得你牢记于心，以优化你一天中用于创造的时间、空间和能力。

1. 保持宁静。这是最为重要的建议，也有多种实现形式。允许自己体验精神上的宁静，对你来说大有裨益。通过改变工作环境、跑步、冥想、散步、洗澡或其他方式，你可以获得内心的宁静。每天让你的大脑逃离一会儿周围喧嚣的环境，你会更容易产生新的想法。

2. 安排休息时间。如果不休息，你的大脑就没有发展创意的空间。有时你的大脑必须劳逸结合（就像每个人都喜欢在周六晚上放松一下），以便能够产生新想法。当然，我们并不能保证每次都能做到按时休息。比如，当你面临一项时间紧迫的任务、急需发挥创造力的时候，就很难停下来休息。但是以后要记得给自己预留出休息时间，或者如果可以的话，只休息

10 分钟也不错。

3. **开心玩耍**。你可以走出家门并让大脑活跃起来。你要努力打破那种可能连你自己都没有意识到的思维定式。

回声室

在一种相对封闭的环境中，人们经常接触相对同质化的信仰或观点，从而巩固了他们现有的观点，并忽视了其他不同的观点。

4. **与不同的人交流**。让你的世界变得多样化，不要将自己困在回声室里。同意别人的观点很重要，没有什么比与志同道合的人讨论你所热爱的事情更美妙的了，但你要多倾听多样化的观点，否则你的想法和信念可能越来越狭隘。

5. **停止追求完美**。刚开始面对困难时，你可能很难发挥创造力，所以先不要妄下定论，直接开始行动吧。人们很容易犯这样一种错误：在没有做好充分的准备前绝不会行动。过度追求完美是你完成工作的障碍。先不要期望自己能够创作出优质内容，你只需要行动起来，先去创作一些东西。当我写这本书的时候，面对的最大的困难就是开始动笔。当我开始写作之后，我的压力小了许多，工作也变得轻松多了。重要的是先行动起来！

6. **接受混乱**。你现在的习惯是否不像过去那样有效了？如果是这样，你可以给自己一些时间去改变这些习惯。有时候，即使只是变更一下早晨的安排也会有所帮助。你要去尝试一些不同的东西，你会惊讶于自己正在逐步打破陈规。

7. 延长睡觉时间，提升睡眠质量。睡眠质量关乎一切。如果你没有休息好，你的创造能力也会受到很大影响。马修·沃克（Matthew Walker）在《我们为什么睡觉》（*Why We Sleep*）一书里详细解读了睡眠的重要性，建议你去读读这本书。

那么，何时该花点时间去制作思维导图，何时该去咖啡馆工作以激发独特的创造力，何时不需要调动创造力，只需要尽快完成事情呢？你如何在一个似乎并不欢迎创造力的职场中发挥出自己的创造力呢？要回答这些问题，重点是要了解你的任务和受众。

有时，你的经理只需要一些数据，而你为了体现自己的与众不同，花费大量时间去制作一个冗长的PPT[①]，这并不是明智的做法。你需要判断哪些工作适合你做，哪些工作能给你带来最大的价值，而花费3倍的时间去做一个花里胡哨的PPT，肯定无法给你带来更多价值。试想，如果你迫切需要一个东西，却因为别人想要借此展示自己的创造力而不得不等上很久，你会不会因此而愤怒呢？为了确定情况，请记住以下

---

① PPT指微软公司的演示文稿软件。——译者注

规则：

1. 了解你的任务。这项任务的截止日期是什么时候？你有多少时间可以使这项任务变得与众不同？如果时间有限，你可以再留意另外一次机会。如果你认为从长远来看，另一种方法可以在总体上加快这项任务的完成速度，只是最初要花费更多的时间，你可以等新的机会来临时，再将该方法付诸实践。

● 你会根据重要性和紧急性去做一项任务，还是因为"这是一项日常工作"而去做这项任务？

● 你认为该任务已经根据需要进行优化了吗？

● 如果你充分发挥创造力，会给这项任务增加多少价值？在项目中充分发挥创造力需要额外花费多少时间？如果你想出了最好的解决方案，却没有为这项任务增加多少价值，那么这项任务还值得你去花费时间和精力吗？

2. 了解你的受众。了解你的受众要比了解你的任务更加微妙一些。你想靠工作成果来取悦你的经理，但你也想要享受工作的过程，并使你的创意更加独特。为了找到一个平衡点，你可能需要经过几次试错才能得出结论，这将取决于你的受众对这些变化的接受程度。然而，为了弄清楚这一点，你可以问自己一些常规问题。

● 你的经理面对事情的不同做法会如何反应？如果你不确定，可以再追问自己以下几个问题。

○ 他们自己经常做不同的事情吗？

○ 他们会反对你的意见吗？你觉得自己也能这样做吗？

○ 过去，他们对变化有何反应？

○ 你会将他们的管理风格描述为"微观管理"[1] 吗？

○ 当你被要求去做一项工作时，这项工作是否有非常清晰、详细的说明，还是其要求非常简短、灵活呢？

○ 你的经理是某个特定领域的专家吗？与他相比，你是否更加专业一些？

● 即使你的经理看起来不像是会欣赏以不同方式做事的人，这并不意味着你永远都不应该尝试创新。关键在于你如何去做这项工作。下面是我的建议。

○ 在他们向你简要说明工作的时候，你就与他们讨论你的方法，而不是在完成工作后才与他们讨论。

○ 你要将你的方法表述为建议或问题，而不是既成事实。

○ 你要有策略性地提出你的建议。首先选择那些你觉得最有信心的想法来提升你的可信度。

以上就是我的建议，它们将帮助你确定：在做每项任务

---

[1] 微观管理亦作微观管理学或显微管理学，是商业管理的一种管理手法，指管理者会对员工进行密切观察及操控，来使员工完成管理者所指定的工作。——译者注

时，你能在多大程度上发挥出独特的创造力。

你对自己的受众和任务了解得越深入，就会变得越自信，也能够越好地发挥自己的创造力。独特的创造力和应用能力与你的自信和想法直接相关，因此，你应该对自己有足够的信心，让自己习惯于拥有这种创造性思维。但为了做到这一点，你必须能够接受失败。拥有自信确实很关键，但你也绝对不能因此而变得傲慢。大家都很难在一开始就将事情做对，这没关系。我们不可避免地会遇到一些突发情况，不要担心，这只意味着最初的想法还不够完善而已。失败并非一件坏事，它将成为你最大的信心助推器。

这里有一些方法可以帮助你在失败中建立信心。

1. 找到你的拥护者。在等级分明的职场，你需要一些拥护者。那些既相信你也相信你所付出的努力的人是谁？如果你还没有这样的同事，你需要找到他们。这些人会信任你，帮助你建立自信，还会坚定地支持你，即使在你不在场的时候也会捍卫你的想法。

2. 和他人进行对话。就像找到你的拥护者一样，你需要了解你周围的人。和你的上司谈谈你希望做些不同事情的想法，看看上司会做出哪些回应。你可以根据上司的反应来判断如何及何时去实施这些想法。例如，如果他们似乎对这个想法持开放态度，那就让他们知道你将如何完成这项任务，并保证在截止日期前完成任务，以留出时间来纠正错误或者消化反馈信息。你一直在尽力做一些看似不起作用的事情，并且能够根据实际情况调整自己的行为方式，对此，你的上司应该心怀感激。作为一名员工，如果你的上司不同意你的做法，说明你还有时间做出改变，这也为你减轻了一些压力。主动与上司进行对话，将给你带来更多自由，而不是带给你压迫感，让你担心自己的事情是否会出差错或者自己是否已经搞砸了整个项目。

3. **不断试错**。尝试新事物，并意识到这些事情可能并不正确。在完成任务时，可以使用两种不同的工作方法：一个方法是通常的工作方法，另一个方法是改变后的方法。在使用新方法时，上述做法可以为你减轻一些压力，毕竟这些方法已经过多次验证了。

4. **接受批评**。你可能无法同意这一点，但是，只要你在为别人工作（无论是经理、客户还是投资者），你就需要接受批评。你可以与同事讨论一下你所受到的批评，然后用尽一切办法来鼓励自己。但如果你不断受到类似的批评，就需要反思原因。

5. **进行压力测试**。这是最重要的一点，这不仅会增强你的信心，也会帮助你更好地工作。在提交任何东西之前，你需要预测出他人对你的想法或方法的批评。在采取行动之前，你不能总是要求 20 个人提供反馈，你需要独立完善自己的想法。虽然你不可能做到永远正确（毕竟我们只是普通人），但你至少可以确保在显而易见的问题上拥有自己深思熟虑后的答案。在你提交一份创造性的工作前，试着用以下方法来进行压力测试。

首先，你需要指出自己工作中的三点不足并给出解决方案。工作中的不足有点像企业战略分析法（SWOT 分析法）中的劣势（W）和威胁（T）。无论你在做的是一项新业务，还是一个新的解决方案，如果你提不出解决方案，你就需要改进自己的想法。这一做法将有助于看到自己想法的不足，这会使你敞开心扉去改进。人们都倾向于认为自己的想法很完美，但事实很少如此。

SWOT 分析法
就是将与研究对象密切相关的内部的优势（Strengths）、劣势（Weakness）、外部的机会（Opportunities）和威胁（Threats）等，通过调查列举出来，依照矩阵形式排列，然后用系统分析的思想，把各种因素相互匹配起来加以分析，从中得出一系列相应的结论。

其次，你需要将电子邮件大声读出来。打开并大声阅读自己的电子邮件，而不是反复默读这些邮件。你可以对着朋友或镜子这样做，我保证你每次都能发现错误或想到新的改进方法。

最后，你需要认真地思考。如果时间充裕，可以在做任务之前给自己留出一些时间来思考——在 24 小时或 48 小时后再来想一想，这样做还是一个好主意吗？

6. 做好失败的准备，并将其视为成功。只要你在失败后继续学习，你就会朝着正确的方向前进。你越能够接受失败，就越能够发挥才智。

坦白来说，过去的一年对我来说就像是一场漫长的工作和生活的危机。能够从事这份工作，我知道自己很幸运。我时时刻刻都在提醒自己：我属于为数不多的、在做自己热爱的事情的人。我意识到，从原则上来说，我确实热爱自己的工作，喜欢自己的工作理念，我对自己经营的公司抱有信心，我每天也都与之一起成长。但我也意识到，我不喜欢自己的日常工作。我努力表现得像一名首席执行官，但忽略了这一职位对我个人而言意味着什么：为什么这个职位上的人是我，而不是别人？我该如何做才能成为这份工作的最佳人选？我专注于在这个职位上扮演这一角色，而不是发挥出自己的优势。我有一种错误的感觉，即我必须在扮演岗位角色与发挥自己的优势之间做出选择。促使我这样想的原因有很多，包括自我怀疑、想要完成待办事项和将工作视为一件苦差事。

就这一问题而言，我认为我们讨论得还不够深入。与享受工作的过程相比，享受工作的成果更加容易，我们已经在第一章中谈到了这一点。但我想重申的是，我们总是认为工作是一件琐事，将其看作是一件为了获得具体的回报而必须完成的事情，我们必须要摒弃这一想法。虽然我们可能将工作视为一种谋生的方式，但我们可以通过在工作中尽可能多地添加我们喜欢的元素，并改进我们处理事情的方式，来大大缓解可怕的"周一综合征"。我们常常会在一整天的时间里都充满目标感和激情，热爱每一分、每一秒，却又常常因为只有工作才能维持生计和支付账单而厌烦工作，我们需要在这两种极端的想法之间找到一种平衡。虽然对一些人来说，由于工作性质比较单一或当前就业形势不乐观，可能更难找到工作，但我坚信存在一个缓冲地带。我们需要做的就是不再关注现实中不切实际或失败的一面，而是转向关注现实的积极性，并主动将现实生活转变成我们想要的生活。

对我来说，当我强迫自己去发现之前不曾察觉的微小爱好，并因为探索这些爱好体验到心流状态时，一切都发生了改变。通过在我喜欢的方向（从课程学习到自主学习，以及接受我所面临的挑战）上超越自己，我的技能得以不断提升。我开始阅读更多自己喜欢的书籍，而不仅仅是在我觉得必须了解的事情上进行自我教育。我开始专注于尽快完成自己讨厌的任务，并多多去做那些可以让我体验到心流状态或可以使我变得更加独特的任务。我将心流体验作为我工作的目的，并强迫自己设定时间并制订相应的计划来实现这一目的。从很大程度上来说，这是一个过程，强化了我要把时间花在自己喜欢的事情上的信念。我一直致力于做那些从理论上来说没有必要做的事情，但我知道，这些事情会给我带来挑战，并按照我想要的方式塑造我的职业生涯。现在，我已经看到了这些事情带来的回报。我更加享受每一天的时间，更多地使用我的大脑，更加重视我自己和我的工作。当然，我比大多数人都拥有更多的自由来做这件事情。我知道，自己不能花费全部时间去做自己喜欢的事情，我仍然有责任去完成其他事情。

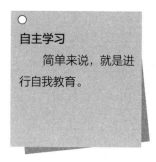

自主学习

简单来说，就是进行自我教育。

我的工作不仅仅是一种爱好，而是员工们赖以生存的方式。每天都会有很多我不喜欢却又必须去处理的事情。虽然这一章想要传递的理念并不是"只做喜欢的事情，而忽略其他事情"，但我们可以去做的一件事情就是，不要只是执着于完成清单上的待办事项，而要不断投入精力，致力于从工作中感受到乐趣。

这并非一种自我放纵——事实上，从长远来看，这样做会提高我们的工作效率。即使我们只是纯粹地从生产力的角度来看待这一点，心流和独特的创造力也是我们工作的优势所在，它们将使我们避免产生厌倦的情绪。为了能够发展微小爱好，体验到心流状态，我们需要调整我们的日常生活。只有这样，我们才能真正享受自己的工作和生活。我们值得拥有快乐（有时我们很容易忘记这一点），考虑到我们花在工作上的时间，享受工作将对我们的整体幸福感产生巨大的增益。所以，学会识别我们的心流中极其细微的差别——如何控制、增加心流的时间以及享受心流。我们应该发挥自己的优势，找到喜欢的事情，并在上面花费更多的时间和精力。世界终于开始接受这样一个事实：我们可以将事业建立在喜欢的事情上，并在事业中融入喜欢的元素。尽可能地抓住这个机会吧！

第四章
定义成功

在学校读书时，对于长大后要做什么，我并没有明确的想法，也没有一个明确的目标。年少的我只知道长大后要取得成功，这个想法确实既天真又勇敢。

谈到抱负，我想很多人都和当时的我一样天真——毕竟没有谁刚来到世上就能够清楚地知道什么是成功。随着我们的成长，我们的想法也在发生变化，我们开始梦想在充满希望的漫长生活中能够实现理想，并且不受现实的污染和束缚。慢慢地，我们对成功的看法开始固定下来。我曾一度想成为一名律师，后来梦想成为总理，后来又想当一家大公司的首席执行官。如你所见，年幼时候的我，总是有着"务实又低调"的目标。曾发生在我家的一则趣事是关于我的妹妹弗洛拉（Flora），那时她正在读小学，别人问她长大后想做什么时，她站在全校学生面前，自信地喊道："我想当新娘！"我曾向她保证，我会在她长大以后提醒她回顾这个故事。

我们可能会回忆起儿时对未来工作的描述，并对它与现实的脱节程度感到惊讶。但随着年龄的增长，我们对成功的看法也发生了很大变化。我们不再试图弄清楚成功对我们而言意味着什么，也许是因为从我们开始攀登"职业阶梯"时，就为某些特定领域明确地定义了成功的标准：在巴黎时装周上展示一系列时装，成为一家全国性报刊的主编，或者开设一家连锁美容院。我们看到自己周身包裹着一个无固定形状的成功泡沫，我们可能会在 5 年、15 年或 25 年内实现这些想法，也可能永远无法将之付诸实践。

当然，"成功"一直是一个棘手概念——工业化、资本主义和神话般的美国梦加剧了这个问题的棘手程度。在过去的几个世纪里，成功更多的是一个明确定义的概念。谈及此处，我想到了 20 世纪 50 年代对于"成功"老套且刻板的观念：如果中产阶级女性拥有"美满"的婚姻、"幸福"的孩子和舒适的房子，她们就取得了成功；如果男性在事业上步步高升，也不需要照管孩子，那么他们就取得了成功。但幸运的是，随着重大社会变革的兴起，我们自然而然地拥有了更多选择，那些成功的标志也因而变得越来越模糊，也越来越难以被人们定义。现在，我并不是认为我们应该限制自己的抱负，或者回到过去那种充斥着偏见的时代。当下的时代赋予了我们一种特权，但许多人还没有意识到这种特权。值得考虑的是，现代环境创造了一种选择性危机，它促使当今时代的我们去寻找完全不同的成功参数。

我们可以很轻易地找到这些成功参数。我们被其他人的成功轰炸，开始苦恼我们还没有去做的事情，我们"应该"处于什么状态，我们可以实现什么目标，这种焦虑已经成了我们的第二天性。如今社交媒体上的新闻推送看似很民主，但已经改变了流行文化，而我们往往没有意识到这一点。我们以前可以在杂志上看到名人，现在可以在手机屏幕上看到他们，这又有什么不同呢？现在我们在手机上可以同时看到碧昂丝·吉赛尔·诺斯（Beyoncé Giselle Knowles）[1] 和自己同学的动态。刚看完朋友的订婚照片，我们就可以无缝切换到金·卡戴珊[2]（Kim Kardashian）的万圣节装饰动态上，并且在这段时间里，我们还发现杰夫·贝索斯（Jeff Bezos）又赚了 10 亿美元。我们不再崇拜一个生活在遥远城市里的童星，取而代之的是，我们打开手机，关注那些看起来和我们一样的人们的生活，他们不断投射出精彩的生活碎片，让我们很难不去与之比较。毫

[1] 碧昂丝·吉赛尔·诺斯（Beyoncé Giselle Knowles），美国女歌手、演员。——译者注

[2] 金·卡戴珊（Kim Kardashian），美国娱乐界名媛、服装设计师、演员、企业家。——译者注

无疑问，我们最终会下意识地将自己的成就与他们的进行比较，并不可避免地发现自己的不足之处。这种无形的相关性为"成功"设置了几乎无法复制的外部标志。它人为地拉近了我们与我们所关注的名人之间的距离，给我们留下了冰山一角，而这一角挡住了我们与他人之间生活和环境的巨大差异。我们看不到团队、特权、时间、运气以及每个"公告"背后所包含的一切。因此，我们对成功的定义已经被扭曲得面目全非，就像一根弹力带被拉伸得远远超出了极限，无法恢复到原有的状态。我们知道新闻推送中的"成功"是什么样子，但这种"成功"除了可以通过社交媒体上的数字、印象、喜好、分享和点赞体现出来，我们不知道这一"成功"对自己的生活有什么意义。

关于我谈论的问题，我知道自己也作为一分子参与其中，而且可能比我想承认的还要多。当有了好消息时，我强烈希望在网上向他人展示一下，但遇到坏消息时，我就不想再发布动态了。我想其他和我处境类似的人也有着同样的感受，其实我们中的很多人都可以多做些事情来改善这种情况。话虽如此，虽然人们无疑比往常分享了更多有关缺陷和不完美的动态，但这种分享本身在一定程度上很容易受到人们的欢迎。通过分享，虽然你的脆弱会人尽皆知，但这种分享也可以为你带来力量，使得他人对你的经历感同身受，随之而来的就是网络效应带来的成功果实：人们对你的点赞和关注，以及对你的"脆弱性"这一与众不同的特点的赞美。我担心我们制造了一种虚张声势的局面，在这种情况下，即使我们并非真正的脆弱，但因为它能够为人们带来道德荣誉和商业利益，它已经成为人们极力创造和分享的东西。这意味着，名人的真实状况将被掩盖在"稳定利益链"的面纱下，随着越来越多名人分享这种"脆弱"，这种真实状况会完全被掩盖起来，几乎不可能为他人所知晓。也许是我太多疑了，虽然我知道在网上袒露我的脆弱会带来一些好处，但这样做需要付出大量精力，而大多数时候我并没有这么多精力。要向成千上万个不认识的人敞开心扉，分享自己的低谷状态，这需要付出很大的努力。但从另一方面来说，如果你在分享时情真意切，人们对你的支持和鼓励也会为你带来巨大的回报。

事实上，生活就像一个包含机会、特权、努力工作和良好时机的巨大俄罗斯方块游戏盘，这些因素会为你带来"成功"。这个"俄罗斯方块"的构造很复杂，它由一系列"滑动门"组成，而这些"滑动门"深受我们在生活中接触的事物的影响。正如马尔科姆·格拉德威尔（Malcolm Gladwell）在《异类：不一样的成功启示录》（*Outliers: The Story of Success*）中所写的那样："我们来自哪里，并不能决定我们是谁。"所以，我将要给大家介绍一下自己的情况。我认为，除非我自己敞开心扉，否则我不能帮助你们理解成功对你们而言意义何在。我曾经上的是私立学校，接着去牛津大学读书；我的家庭氛围和谐、开明；我在发达国家的首都伦敦长大，这里没有战争或自然灾害；夜晚，我可以安然睡去；清晨，我可以舒适醒来。简单来说，我觉得自己非常幸运。自从 13 岁时搬到伦敦后，我就一直在工作。我之所以去工作，并非因为我必须这样做，而是因为我嫉妒我的同学们拥有的零花钱，而那时我的父母每个月只给我 25 英镑生活费（我承认，我曾以为自己受到了虐待，现在回想起来，我感到羞愧）。我接受过私立教育，其中大部分资助来自奖学金（前提是在接受了多年的音乐教育后才能获得奖学金）。我已经接受了这样一个事实——在这个社会里，没有一个和我有相似背景的人能真正"白手起家"。因为我在优越的环境中出生和成长，所以我能够探索更多其他人可能从未考虑过的创业途径。我可以花时间去做一个有潜在风险的决定，比如创业，但并不是每个人都能这样做。我创业时没有获得父母的资助，他们直到几年后才真正了解我的事业，但这并不重要。毕竟，创业是一个循序渐进的过程。

我说这一切是为了当你读到我在这本书里的个人简介时，你可以摆脱比较的本能，理解每一次成功背后的现实原因。我宁愿将这一切都公之于众，也不愿在没有提供任何必要背景的情况下，就随意描绘一幅关于一个 23 岁女孩的成功图景。追随那些能够激励你前进的人确实很不错，但你必须为自己负责，并给自己设定好界限。所以，在你用我的"成功"来评判你的成就前，可以先问问自己：你也拥有同样的机会吗？成功不是自然而然发生的，如果我没有受过私立教育，不是中产阶级，家庭氛围不好，也不健康苗条，或者没有来自一个和平的国家，我就必须更加努力地工作。我并不是在为任何不成功的人寻找借口，也不是说因为你生活在一个不平等的社会里，你就不要轻易尝试冒险，而是希望你能够正确看待我的故事。最终，你的故事主角是你，而不是你所关注的人、你的同事或老同学。如果你无法正确定义成功对你来说意味着什么，你必定会打一场败仗。这不是因为你永远无法到达他人的位置，而是因为你不能期望获得与他人一模一样的成就。如果你非要这么做，这就像将你的书的第三章与他人的书的第二十章进行比较，或者将你的小说与他人的其他类型的书进行比较一样奇怪。

我对这一问题的思考越深入，就越觉得人们需要有意识地把成功视为一个相对的概念。这并不是一个突破性的发现，但我个人接受的现实是，除非我能够定义成功对我来说意味着什么，否则我永远察觉不到自己已经取得了成功。如果无法察觉这一点，我就永远不会取得真正的成功。我不想削弱环境在取得成功的过程中起到的作用，你来自哪里，确实会限制或扩大你认为对自己可能有用的条件，并将帮助或阻碍你获得成功。我儿时梦想成为首席执行官或律师，这在很大程度上反映了我的阶级优势。虽然在传统意义上女性可能并不会担任这些职位，但我肯定能看到一些和我长得很像、有着类似背景的人在从事这种工作。你不能认为成功是相对的，然后谴责人们局限在"现实"的框架之内——这样做对那些来自弱势群体的人来说是不公平的。你可以有远大的目标，不顾他人的期望，但只有当这些目标是你自己的，独立于你所追随的人时，这些目标才有价值。你要做的就是：获得灵感，激励自己，观摩别人的做法，然后去开拓属于自己的道路。

我希望你对自己诚实。你拥有什么？你缺乏什么？这会对你有影响吗？如果有，这些因素会阻碍你取得成功吗？绝对不会。

每个人都可以追求成功、取得成功、庆祝成功——这完全取决于我们想要什么，以及我们对成功的定义是什么。这并不意味着我们的个人成功不能与"传统"的成功观念保持一致，但我们对外界认可的日益痴迷意味着我们已经忘记了其他任何可能性的存在。我们不仅过于重视他人的成功，也过于重视我们所做事情的可展示性。除了让我们痴迷于与他人进行比较，社交媒体还改变了我们看待成功的方式。此时此刻，作为只知道获得了外在认可等同于取得成功的一代人，我在经历了大量的自我反省和焦虑不安的时刻之后，才意识到自己一直都错了。

之前，如果不将自己的成就公之于众，我认为自己可能体会不到成功的感觉。我记得 15 岁那年，我正式被录取为高年级新生。[1] 当我向大家宣布这一消息时，兴奋得不能自己。被录取对我来说并不重要，能够通过这件事向人们展示我足够聪明、有能力被录取才最重要。毕竟，如果我们取得了一个小小的成就却不能告诉朋友以及亲属，我们的成就感就会被削弱。我们每天都想要在社交媒体上分享成功，这就相当于循环式地发送自己的年度成就报告。这从表面上看没有什么问题，毕竟想要宣布自己的晋升消息或者最新成就并没有什么错。马斯洛在"需求层次理论"中就曾提到，被爱和归属感是人们的心理需求之一，高于基本生存需求，所以渴望这种认同感是出于人类的本性和本能。社交媒体为人们打开了一条通往爱和归属感的新通道，但现在看来，如果没有在社交媒体上"分享"我们的成功，成功对我们来说似乎毫无意义。当然，我们已经取得了一些小小的成功，可能会告诉朋友、同事或家人，但在我们在更大范围内分享自己的成功和获得外界认可前，我们似乎永远不会觉得自己取得了真正的、熠熠生辉的成功。

---

[1] 英国学制中，中学生一般 16 岁才会进入中学高年级。——编者注

　　那么，为什么我们即使得到了外界认可，却仍然要努力确认自己是否真的成功了呢？我们可以在社交媒体上宣布自己的最新成就，但一旦我们刷新社交媒体，那些来之不易的成就感就消失了，我们又一次回到了原点。人们不再对我们的动态进行评论，其他人发布了更有吸引力的动态，我们成了其他人生活的陪衬，自己的生活仿佛随之黯然失色。我们得到的认可太过短暂，无法让我们感受到任何持久的价值感或满足感，于是我们渴望再次取得成功。因此，我们只好继续前进，希望通过做更多的事情、实现更多的成就、发布更多的成功动态来获得更多认可。这就好像我们希望像更新新闻消息一样迅速更新自己的成功动态，唯一能够停止这一做法的方式是在精神上摆脱社交媒体的控制，不参与其中，从而改变我们对于成功的定义。虽然我们仍然可以从外界认可中受益，但我们需要客观地看待成功的价值。我们需要停下来问问自己：为什么我们想要取得成功？我相信答案绝对不是"想要被他人视为成功人士"。在做到这一点之前，我们将永远无法摆脱无休止的"去工作吧""去产生价值吧""去实现更多成就吧"这样单调的激励。换句话说，我们需要停止环顾四周，我们需要专注于自己，由自己来定义成功的价值。不要认为成功只属于少数人，而不属于大多数人。不要认为只有取得巨大的成就才算是成功，而微小的、逐步实现了自我价值的成就无法算作成功。不要认为我们努力后却没有实现最终目标，就不能庆祝成功。成功并不是一个非黑即白的定义，我们可以去制定只属于自己的成功标准。虽然从事实上来看，总有人比我们更"成功"，但我们仍然可以在生活中取得成功。

那么，我再来问一遍下列问题。

成功对你来说意味着什么？

对你个人而言，什么是成功？

什么能让你在今天取得成功？那明天呢？明年呢？

如果我们打算重视这段旅程，即不过度重视最终目标，转而重视实现目标的过程，那么我们必须以同样的态度来对待我们的成功理念。

不言而喻，我们对于成功的看法在很大程度上取决于我们的童年经历。在那时，我们将测试和考试成绩作为衡量学习成果的重要方式。现在，关于"考试是否是最有益的方法"这一话题引起了很多争论。当然，出于各种原因，测试学习的成果很重要，稍后我们将讨论设定良好目标的益处。但如果我们在孩提时代就开始把奖励与成功和荣誉联系在一起，我们肯定会更加注重事情的结果，而不是过程。换句话说，我现在写这本书的目的是积累自己的写作经验，而不是为了在《卫报》（the Guardian）上获得正面评价。在我看来，我们需要把成功看作连续的、不断发展的、在每个阶段都可以实现的目标，这样才能与第一章中所探讨的目标概念保持一致。我们必须让自己在任何时候都有机会以某种方式取得成功，否则我们就会不断地让自己陷入失败的处境中。

如果想从成就中获得持续的满足感，我们就需要分配规划，也需要精力和时间去定义、实现和庆祝我们的成功。如果我花更多的时间写下具体的、有意义的目标，我就可以理所应当地为其庆祝，甚至在这些目标实现时欢呼雀跃。而当我花费了大量精力，却像一只无头苍蝇一样四处奔跑，试图寻找下一个目标时，我就没有给自己留下任何"成功"的机会——现在没有，以后也不会有。因为我一直在努力做下一件事，努力将其做得更好，这使得我会在半天内忘记之前所取得的成就。虽然我确信这些特质在一定程度上能够帮助我走向"成功"（上面这句话听起来像是忙碌文化的宣言），但我无法从成功中获得真正的快乐。在享受了外界的认可后，在写下这些文字时，我觉得自己有点忘恩负义，但这一章对我和任何有同样感受的人来说都意义重大。

要定义成功，我们首先需要接受成功有多种形式这一事实。世界上并非只有一个目标，也并非只有一条终点线：在我们生活的各个不同领域都有多条终点线。但是，为了获得内在的满足感和外界的认可，我们需要了解那些经常影响我们定义自身成功的因素。作为当今社会的一员，我们还没有完全摆脱历史上的刻板印象，女性可能会注意到，在讨人喜欢和职业成功之间存在着负相关的联系：你在职场上取得的成就越大，就越不讨人喜欢（别人就越觉得你"冷酷无情"）。与此同时，许多男性可以享受工作中的成功，而不会因为没有稳定的恋爱关系而缺乏安全感。但作为一个男人，你很可能会受到以下期望的影响：你应该养家糊口，经济宽裕，这样才算是成功。我说这些并不是为了让你沮丧（这并不是一个详尽的标准，也不适用于所有人），但我不能在没有意识到偏见的情况下，就确定成功对你来说意味着什么。此时，你可以反对这一观点或以批判的眼光来看待它，这是唯一一件能让你以自己的身份面对这个世界的事情。在可能的情况下，你可以让自己摆脱这些社会期望的束缚，进而创造你自己的期望。

对我来说，这一切都归结于设定目标，设想一个我在今天、明天、五年后、十年后的具体成功愿景，并能够明白：这个目标是一块跳板，是我正在努力实现的更大目标的组成部分。虽然每个人都可以去尝试一些不同的技巧，但我认为你需要参与有效的目标设定，并明白并非所有的目标都一样，也不应该一样：你需要清楚自己的远大目标、近期目标和当下目标分别是什么。天马行空并非无益，但如果你不确定需要采取哪些步骤，你就无法达到最终的目的地（比如你想的是建造火箭飞船，穿越太阳系等）。也许你已经设想好未来了，比如开一家店或晋升为部门负责人。但你需要制订好计划，否则你很难将目标变成现实，甚至很难付诸行动。不管你如何沉迷于"设定目标""实现目标"或任何其他的类似流行语，我确实相信：如果在行动上花费的时间和在设定目标上花费的时间一样多，你就会走得更远。

设定目标

我从来都不了解"设定目标"的具体好处。我最多会在圣诞节假期时和一两个朋友一起写下明年的目标清单。我们写下的目标有"两次模拟考试都能得到 A 级成绩""加入无挡板篮球队"和"不再每天吃意大利面"等，然后我们就将这些目标抛诸脑后。最近，我发现这种做法虽然有时没什么用，但也是一种有益的练习，可以帮助我明白自己想在业余时间做什么，并帮助我规范自己的日常习惯和每周流程，以实现那些看似虚无缥缈的目标。我经常强迫自己在生活中设定目标，以建立更好的成功愿景，并在实现目标的过程中发展微小爱好，进一步实现自我价值。

在我看来，设定目标就是在充分做好计划的前提下设定一个目的地——这是一门科学，所以你可以从一开始就努力做好这件事情。这一方法可能在某些方面对你很有效，但在其他方面不一定适合你或你的生活方式。你可以按照表 4-1 所示的方法先尝试一下，然后根据自己的喜好进行选择。一般来说，花在设定目标上的时间应该越短越好。例如，你可能想用半天时间来制定年度目标，但如果你花在制定每日目标的时间超过了 10 分钟，你就需要再缩短一些时间。

表 4-1　设定目标

宏伟目标	年度目标
中等目标	季度目标
	月度目标
微小目标	每周目标
	每日目标

你可能会想：真的有必要设定这么多目标吗？就我个人的经验而言，确实应该这样做。就像你在开车时必须把握好方向盘，如果不这样做，你就无法沿着正确的方向到达目的地。

年度目标

这是制定宏大目标的时刻。通过制定年度愿景，你可以回顾一下过去一年取得了多少进展，今年想要达成什么目标。更为重要的是，明年和 5 年后你要达到什么目标。你要问自己这样做的目的是实现你的宏大目标吗？这是思考你为何会选择这些目标的好时机。我发现，制定年度目标既能让人感到欣慰，也能让人在同等程度上面对挑战——将自己现在的情况与一年前的生活进行比较，你可能会感到惊讶，但这样做也能帮助你意识到自己想要的东西发生了多大的变化。在一年当中，我们在方向上或多或少都会经历一些微小的变化，而只有在制定宏大目标时，我们才能注意到这些变化。随着我们的成长，我们对成功的看法也会不断变化和发展，这也凸显了每年一次的自我审视的作用。我发现，我们可以将这件事情记在显眼的地方，比如贴在桌子上方或写在笔记本的第一页，在我们需要的时候，我们总会轻易地注意到这一提醒。

我记得我在 2017 年的最大目标是与类似 PrettyLittleThing[①]、Boohoo[②]、Topshop[③] 这样的英国知名服装品牌建立合作关系。我写下了当时的目标，并告诉经纪人这是我在接下来的一年里想要达成的目标。2018 年，当我再次坐下来规划我的年度目标时，我意识到上述目标已经不再是我的主要目标了——不仅如此，如果真有与上述品牌合作的机会，我可能会选择放弃。我意识到，在职业发展道路上，我想从一名"影响者"转而成为一名企业家。我想创建一个属于自己的时尚品牌，这个品牌一定要优先考虑绿色生产和可持续发展。我意识到我的快乐来自埋头

---

① 英国女装时尚品牌，品牌名中的三个单词间无空格。——译者注
② 英国规模较大的快时尚网上服装零售商。——译者注
③ Topshop 是一个快时尚品牌，属于英国最大的服装零售商阿卡迪亚集团。——译者注

苦干，这就是我实现自我价值的方式。对我来说，这是实现成功的必由之路，过去如此，现在也如此。我必须纠正我的方向，彻底改变我的目标，努力去追求自己想要的生活。无论从短期还是长期来看，我对成功的理解都发生了改变。

你不要担心自己的目标是否过于远大，在面对自己真正想要的东西时，一定要对自己保持诚实，这是你对自己的嘉奖。在制定年度目标前，你应该问自己如下几个问题。

1. 我的职业生涯的最终目标是什么？

2. 我的个人生活的最终目标是什么？

3. 我在 5 年内的职业目标是什么？

4. 明年的这个时候，我的职业目标是什么？

季度目标

我不知道你的情况如何，但自从上学以来，我仍然会在某种程度上按照"季度目标"行事。我在经营企业时也沿袭了这种方式，这使得季度目标成为重新调整年度目标的好方法。人们的动机和习惯会随着季节的变化而变化，因此，这也是让你当下的目标符合年度目标的好方法。

每月目标

每次到月底时，人们总是震惊于时间流逝得太快。所以，我建议在每个月开始就设定好当月的目标，以确保你能够在这个月过得充实、富有成效。结合你在这个季度和今年的表现，你可以在每个月初先花 30 分钟设定目标，然后继续努力实现这些目标。

每周目标

这方面主要基于第二章中的讨论。每周目标应该与你的每周计划相适应。毕竟，这些应该是你计划在短期内实现的目标。

每日目标

你也许不希望自己的日常生活充斥着各种目标，因此，你可能很难去设定每日目标。但我个人认为，在一天的工作当中，提前设定目标极为重要，这样做也有助于实现那些更大的目标。毕竟，正如别人所说，一年不过是 365 天的总和。如果你没有每天给自己设定目标，很可能会把事情做得很糟糕。因此，无论如何你都应该尝试一下。

你需要每天为自己设定三件当天要完成的事情，只需要设定三件就好。这三件事情最好具有实际意义，并且至少与你的长期目标密切相关。不要为了完成某件事，就在每天开始工作前留出 5 分钟去完成这件事情，这样太过匆忙。即使只是为了明天更大的目标而努力，你也应该让自己的每一天都充满意义。你要先审视一下自己的日常目标，看看如何能够得到最好的心流体验，以及如何能够发展自己的微小爱好。虽然这只是微小的改变，但我相信你会从中受益。

无论你为自己设定的是长期目标还是短期目标，如果你正在规划自己的目标，以下这些提示可能会有所帮助。这些提示适用于所有不同类型的目标，你只需根据实际情况进行调整就好。

目标设定小提示

首先，你可以使用"我会"这个词来代替"我想要"这个词。我知道这听起来很荒谬，但我发现这样做真的对我有所帮助（别担心，谁也不会主动去看你的笔记本）。这是基于表现的基本规则，但对我来说，说服自己能做到更为重要。如果你在写下"我会……"时感到自己很虚伪，你就卡在了第一个自设的障碍上。这时，也许你应该扪心自问：自己的目标是否在一开始就贴合实际情况。

1. 今年要实现的职业目标：我会被提升为经理，我会获得加薪的机会。

2. 我需要养成并坚持的职业习惯：我会学习两门与我的行业或兴趣相关的专业发展课程。

3. 我的个人目标：我会每两周接受一次心理治疗。

4. 我的个人习惯：我会每天读 10 页书。

5. 达成这些目标后，你想要获得的感受：做出这些改变后，我会在日常生活和工作安排中感到更自由。

设定目标的一般原则

既然我们已经确定了应该在何时设定目标，我们就需要清楚如何去设定目标。你可能会觉得我在这个阶段太执着于设定目标，但我宁愿花费很多时间去设定有效的目标，也不愿浪费时间去匆忙地设定无意义的目标。

关于设定目标，有个比较简单的原则可以参考一下——确保设定目标时按照SMART原则（这一原则可以帮助我们有效地设定目标，确实非常实用）：

明确性（Specific）是指目标要明确、清晰；

可衡量性（Measurable）是指目标的标准非常明确，足以让你知道自己何时达成了目标；

可实现性（Achievable）是指目标具有可完成性、现实性；

相关性（Relevant）是指目标总体符合你对成功和预期进展的看法；

时限性（Time-bound）是指设定你想要实现目标的时间——给自己设定最后期限。如果你能确保自己的目标符合上述原则，那么你就设定了正确的目标。

接下来，我们来聊一些积极的话题。虽然设定良好的目标非常有益，但我们也需要记住，我们终究是人类。我们可以拥有世界上最好的愿景，并可以非常努力地工作，但我们仍然可能错过一些事情或遇到糟糕的事情，或者我们只是无法得到令自己满意的结果。最糟糕的不是"失败"本身，而是失败这件事情对我们的心态产生的负面影响。我们要对自己负责，就要保持清醒的头脑。如果我们任由自己陷入失败的旋涡，那么我们很有可能一直失败。认识到自己哪里出了错——是不是因为太急于求进了？是不是没有坚持平日的习惯？接下来，我们可以先设定现实的目标，再去解决这个问题（如表4-2所示）。不要允许自己随意进行自我批评，否则我们会对自己的目标变得冷漠，对自己能实现的目标持有消极的看法。我们可以对自己诚实，让自己承担责任，但不必委屈自己。

表4-2 自我批评与自我负责

自我批评	自我负责
"我很笨，并且一无是处，我永远都无法把事情做好"	"从发生的事情中，我能学到什么"
"这一切都是我的错"	"是哪种思维模式导致了现在的问题"
"我总是墨守成规"	"我是活生生的人，可以灵活对待规则"
"每个人都比我优秀"	"人类都有局限性，我一直在努力原谅自己"

有一样东西会拦阻你庆祝成功，并使你无法体验到成功的意义，那就是冒充者综合征（impostor syndrome）。如果你放任不管，冒充者综合征会无限阻碍你

冒充者综合征

一个人总感觉自己是因为运气，而不是因为天赋或资质才取得了成功。"冒充者综合征"适用于任何"无法打心底里承认自己值得拥有成功"的人。

的发展。当你觉得自己不值得拥有成功时，你会很容易不去庆祝成功。并且，为了避免使自己更像一个骗子，你会在潜意识里阻止自己取得更多的成就。我一直害怕会遇到惨败——公司破产、被迫裁员、让他人失望，这就是我常常夜不能寐的原因。但我也在内心深处想过，如果这些事情发生了，也许我会感到巨大的解脱。毕竟到那时，我就再也不需要去向他人证明什么，也再也没有需要赶超的目标和极力避免的错误。在这个崇尚成功的世界里，我有时宁愿失败，这样就不会再有压力了，这确实很可悲。自己竟然抱有这种想法，这着实令我大吃一惊。当然，我真的不想失去一切，但我有时确实很想体验那种没有牵绊和一切都无所谓的感觉。

我后来了解到，这是冒充者综合征的另一种表现，被称为"上限问题"。这是一种自我破坏，表现为人们"想要失败"的感觉，或者想要通过认输以获得解脱或自由的欲望。心理学

家盖伊·亨德里克斯（Gay Hendricks）是第一个辨别出这种症状的人，他将其描述为一种"内部恒温器设置"，这种"恒温器"设定了我们的感觉上限。当我们体验到成功的滋味时，我们开始固执地认为一切都会出问题，并沉迷于一种消极的想法，如自己会失去工作，这段关系会以糟糕的结局结束，甚至，当我快要大学毕业时，我开始担心自己会突然去世（也许只有我这样想）。这种"恒温器"的目的是通过贬低我们应该为之庆祝的事情，将我们的幸福感和成功感调节到一个更为合适的水平。如果我们遇到了上限问题，当我们快要成功时，我们会越来越频繁地体验到这一感觉，而与之抗争对我们来说是最有利的事情。我们可以做的事情是：尽可能地将这种感觉看作是自己获得成功的标志。我能给出的建议是：承认这种感觉的存在，然后忽略它，尽情享受自己的成功。

我仍然每天都在对抗冒充者综合征，通常只有当人们不公平地批评我或贬低我的努力时，我才会与他们抗争。我能让自己振作起来，很多人在面对同样的事情时，也付出了大量的时间、努力和牺牲，而其他人虽然也面临着同样的处境，但却没有这样做。总有人会对我们不满，我们并不需要每次都与他们进行对抗，但如果我们和他们一样，也来攻击我们自己，这种做法就很不明智。

就我个人而言，我已经找到了一些应对冒充者综合征的方法。毫无疑问，每个人应对这一问题的方式都不相同，我的应对方法也许会对你有所帮助。

1. 承认下列事实：无论你觉得自己是否值得，你都处在你所处的位置，你都可以去享受它。

2. 也许对你或对其他人来说，有些工作确实比看上去轻松。但无论你花费了多少时间和精力，都并不意味着你没有付出任何努力。

3. 有时你会很幸运！你的邻居、同事和你钦佩的人也是如此。你总会遇到糟糕的事情，但也会遇到很棒的事情——有时候你在正确的时间出现在正确的地点，或者遇到了一个恰好能够帮助你的人。你能够抓住这个机会并向前一步，这也是你能力的体现。

4. 在不伤害任何人的前提下，偶尔走捷径也是一种明智的做法。你可以巧妙、快速、轻松地做事并从中获益。走捷径并不会改变或削弱你的最终目标，也不意味着你不配享受成功。事实上，你在付出了最少努力的前提下就迅速取得了成功，你应该享受这一成果，这种感觉真的很神奇！

归根结底，我们总是会打着"运气"的旗号来贬低自己和他人的成功。事实上，正是我们的运气和努力才造就了美好的生活。俗话说："有心栽花花不开，无心插柳柳成荫。"这正是生活的迷人之处。你可以选择设定好方向和目标，继续前进，努力工作，认真生活，享受成功。或者你也可以在一生中不断地贬低自己的努力，从不庆祝自己取得的任何成功。到底应该如何做，最终决定权在你的手里。

我们已经讨论了为何要努力工作，如何提高生产力，以及如何在我们所做的工作中发现更多的乐趣。在结束这一节时，我们要提醒自己，我们之所以努力工作，是因为我们拥有为之奋斗的目标，知晓这一点很重要。无论是拥有一份让你不断实现自我的工作，拥有支持你的家人，还是仅仅熬过了艰难的一周，我们都有权利以任何形式体验成功的感觉。不要因为不允许自己去定义和庆祝成功，而让自己的努力付诸东流。如果这样做，我们都会为此感到内疚，也会感到沮丧。我们会不断察觉到，虽然生活充满了起起落落，但我们有能力在峰值时刻和低谷时期仍然保持镇静，以此来创造只属于自己的成就感。

永远记住：无论我们多么想要实现目标，如果深度工作开始让我们感到痛苦，那也许是时候休息一下了。接下来，我们将要谈论的主题是关怀自我。

第二部分

关怀自我

第五章

重新定义生产力

大学的最后一个学期也许是我一生中最繁忙的时期。我在一个多月的时间里创建了我的第二家公司，并一次性通过了大学三年的学位课程考试。从某种程度上来说，这一成果令人惊叹，但实际上，这一做法却不够明智。我曾使用手机倒计时软件来记录这些日子，这些日子从此就深深印在了我的脑海里，时至今日，仍然记忆犹新。你也可以将日期倒计时的图片作为你的手机桌面背景，来激励自己不断努力。

2019 年 4 月 29 日，我宣布了 TALA[①] 的问世，我的梦想也得以成真：创建一个永不妥协的时尚品牌。对我来说，TALA 的诞生意味着我不再需要在风格、可持续性和价格之间做出妥

[①] TALA，作者创立的可持续运动服装品牌。2022 年 2 月，该品牌获得 570 万美元融资。——译者注

协，它代表着我对时尚的极致热爱，也代表着我对快时尚的极致抵触。从零开始创立一家公司确实是一件振奋人心的事情，就像新手妈妈总会热情地和大家分享刚出生宝宝的动态一样，我也在"照片墙"上发布了不少与新公司相关的帖子。而就在同一天，我要上交 35 000 字的课程作业。然后，2019 年 5 月 7 日，虽然公司库存的产品数量远远小于应该持有的数量，但为了将产品推向市场，我们还是尽力召开了一场产品发布会（根据英国商业法律规定，新公司在推出产品前必须召开产品发布会）。

在召开产品发布会的两天后，即 5 月 9 日，就是我的毕业论文交稿期，我在匆忙之中努力完成了论文（之后我再也不想去读这篇论文了），然后紧张地等待论文的评审结果。在接下来的三周，我开始为 5 场课程考试做准备，这 5 场考试在很大程度上决定了我最后能否拿到学位证书。第一场考试在 5 月 27 日，考试结束后，数百名学生形状的"幽灵"会带着"低血糖"和"手抽筋"这两个作案同伙从考场里飘出来，然后紧张地讨论答案，并用事后诸葛亮的语气不断责备自己。剩下的 4 场考试在接下来的 10 天里间隔进行，最后一场考试结束的日期：6 月 6 日。这是具有神话色彩的日子，它象征着我在排除万难后取得的自由和成功。在一所以严格著称的大学里，我既要兼顾学业，又要经营公司，经过了三年的不懈奋斗，我终于来到了终点——这就是决不妥协的意义所在。

我们都曾经历过艰难的时刻。这些时刻包括我们面临的各种任务的最后完成期限，这些期限让我们忙得晕头转向、筋疲力尽，同时也让我们承受着巨大的精神压力。

然而，令我非常惊讶的是，一切都按照原计划进行，而我也得以享受 TALA 的发布会全过程。5 月 7 日，当我坐在我儿时梦想的高层会议室里、跟着大家一起倒计时的时候，我从未如此恐惧，也从未如此快乐。在经历了数月的筹备和一年的计划后，我已经准备好带着这家公司面对市场了。我们发布的商业声明得到了客户们潮水般的回应，这让我深受鼓舞。倒计时一结束，数千人涌入我们的官网，曾经看起来库存充足的产品在几分钟内就售罄了。库存告急确实是个问题，但我认为，这确实充分体现了我们的产品在市场上的受欢迎程度。

但片刻之后，我们才意识到，我们的网站访问量已经超载了。公司的网站出现了故障，导致随机生成了大量订单。故障使得我们的销售额攀升，产品的销售数量超过了库存数量，同时订单信息被错误地处理了。简单来说，成千上万的人所购买的商品其实并不存在或者与我们的实际库存不符。比如，如果你订购了一件中号的商品，但你收到的商品可能是别的尺码，或者也可能不会收到商品——这就像一个在线购物大转盘，在上面买东西既不方便，也具有随机性。当时，巨大的压

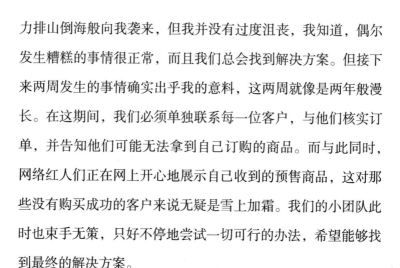

力排山倒海般向我袭来，但我并没有过度沮丧，我知道，偶尔发生糟糕的事情很正常，而且我们总会找到解决方案。但接下来两周发生的事情确实出乎我的意料，这两周就像是两年般漫长。在这期间，我们必须单独联系每一位客户，与他们核实订单，并告知他们可能无法拿到自己订购的商品。而与此同时，网络红人们正在网上开心地展示自己收到的预售商品，这对那些没有购买成功的客户来说无疑是雪上加霜。我们的小团队此时也束手无策，只好不停地尝试一切可行的办法，希望能够找到最终的解决方案。

在这期间，我没有心思去复习精心制作的课程知识点卡片，而是在图书馆外的电话亭旁（后来我才发现旁边是一扇单层玻璃窗，窗户后面就是研究小组的前排座位）歇斯底里地哭了起来。那些大力支持我的客户没有收到商品，那些彻夜工作的客服团队（相当于是公司里的所有人）也唉声叹气，一想到这些，我就痛苦不已。我记得，当我绝望地在学校的论坛上发帖，希望以每小时 15 英镑的费用为我们的团队招聘临时工时，我感到十分羞愧，泪水无声地从我脸上滑落下来。

那时，我正在超负荷工作，处于崩溃边缘。在我倾注了所有心血和赌上了个人声誉去创办这家公司时，这种压力更是达到了极限，但我没有考虑到这些压力会带来负面效果。我没有考虑到自己会支撑不住，也没有意识到为了能在周一上午集中精力处理工作，我需要让自己在周末放松一下或者先去休息一会。为了使公司再次走上正轨，我不断地挑战自己的工作极限。

奇怪的是，尽管我一直处于震惊、压力和近乎崩溃的状态，我却拥有一种前所未有的被认可的感觉。我知道，员工们已经筋疲力尽，而我不能放松对自己的要求。因此，正如人们预想的那样，我开始争分夺秒地工作。我从来没有像现在这样投入工作，甚至常常会工作到凌晨。除工作以外，我没有时间休息，更没有时间做别的事情。幸好这种工作状态只持续了一段时间，如果继续这样下去，我相信要不了几周，我的身体就会支撑不住，而我之前所有努力取得的认可都会烟消云散。

在这段时间里，虽然我一直都在努力工作，但工作效率却不高，我感到很奇怪。这就像我们只会给跑完马拉松全程的选手颁奖，而不会给只参与了一部分的选手颁奖一样，毕竟这样做既没有意义，也不现实，甚至严重违反了比赛规则。毋庸置疑，在我们面对工作时，拥有这类体育竞技精神很重要，不断挑战自身极限也会为我们带来一种满足感。如果每周能够工作80多个小时，我们就会在感到很痛苦的同时也会感到很骄傲。从这一意义上说，我们不断刷新自己的工作时长极限，这不仅是盲目乐观、不切实际的做法，而且是一种自我牺牲式的行为。

现在再回首这段时间，我不禁要问自己：为什么我在明知这种工作状态不可持续，而且会带来痛苦的情况下，还会认为自己达到了"最佳生产力"状态？为什么这种高强度的工作状态会让我有一种被认可的错觉？是因为我可以在社交平台上炫耀自己的付出吗？是因为凌晨两点我可以一边在图书馆工作，一边在"照片墙"上发帖，在社交平台作秀的同时，还能展示自己的真实生活吗？大概是因为像其他社交平台达人一样，通过在社交平台上发布帖子，我也得以看到自己的工作日常，这能够有效缓解我的冒充者综合征。虽然不同的人感受到的压力程度不同，但很明显，我们中的很多人都越来越疲惫。

现在让我来进一步解释一下我的工作和生活。

我承认，自己工作非常努力。我可以连续几天都处于心流状态，虽然应该去休息一下，但我还是会继续工作。在面对危机或者遇到截止日期时，我更能够集中精力工作很长时间。现在，我每周会花三天时间（如果你拥有一个固定目标，就必须留出足够的时间去完成它）来写这本书，在剩下的几天里我会去做我的本职工作。但这并非我的工作常态，客观来说，这一状态也很难持续下去。

有时候，我的工作效率只有平时的一半；有时候，我做过的唯一富有成效的事情就是写下还没完成的目标；有时候，我为自己无法写出任何有意义的东西而自责。现在，我在每个周末都会给自己留出休息时间，并且每晚至少要睡够 7 个小时（此时，我好像听到了认为"弱者才睡觉"的人的叹息）。如果哪天我没有睡够 7 个小时，很可能是我在和朋友聚会，或是在和室友聊天，或是在视频网站上追剧，但绝不是因为我在加班。

在准备大学期末考试的那段时间里，我忽略了一个事实：拥有计划很重要。其实我可以主动去做一些计划。虽然我们无法自动提升创造力、防止激素失调或避免精力耗尽，但我们可以通过合理计划来避免出现精疲力竭的情况。我当时太急于求成了，并没有提前计划，从而因为自身的懒惰和懈怠而降低了学习效率。我需要将以下内容内化于心：不工作并不是懒惰，而是一种必要的休息，我们都必须在日程表里给自己留出足够的休息时间。

我们不是机器，我们的身体并不总是按照我们希望的方式去行动。我很少说"我无法做什么事情"，并非因为"我可以做任何事情"，而是我会严苛地逼迫自己去努力。如果我需要去完成哪件事情，我会欣然接受并开始行动。在成长过程中，我花了很多时间才意识到：我是一个有血有肉的人，而不是一台毫无感情的工作机器。虽然我不像智能机器那般能够高速地处理信息，但我拥有抱负，斗志昂扬，即使在日常生活中偶尔颓废度日，但在短暂休息后，我还是会继续努力。我们越是以生产力来作为评价自己的唯一标准，就越容易忽视这一点。现在，是时候摒弃这个单一的评价标准了。

下面继续回到生产力的话题上。你可能会想："怎么还在谈生产力？接下来不是要聊一聊如何关怀自我吗？"或许你已经准备好要略读这本书的剩下部分，毕竟你更想要通过阅读本书来提高工作效率，而且因为平时没有太多休息时间，因此，你可能觉得不太有必要了解"关怀自我"这一主题。

但是，这正是我们大多数人的思维误区。

随着社会发展，我们开始把人视为一种"人力资本"。我们的价值已经与我们的生产能力联系在一起。除此之外，无论是同时接听电话和写电子邮件，一边回复"照片墙"的帖子一边看日落，还是一边做晚餐一边听教育类播客，不断出现的新技术使我们能够以前所未有的速度同时完成多项任务。技术极大地推动了生产力的发展，如果使用得当，技术可以帮助我们"提升"自己，但在一定程度上也加重了我们的崩溃感。一方面，我们不喜欢在清醒时处于无所事事的状态；另一方面，我们的大脑还没有进化到能够快速同时做两件或两件以上的事情。在成长过程中，我知道自己有能力同时做很多事情，但这使得我在一次只做一件事时感到焦虑，似乎这样做就是在浪费时间。为了能够尽力活在当下，我必须有意识地迫使自己放弃以上想法。也许这就是当前"正念"练习如此受欢迎的原因，这也是老一辈人常常将其作为常识，而非"流行词"的原因。

对老一辈人来说，"正念"就是标准的生活方式。

在当今的文化背景下，"生产力"的定义已经不再局限于"在最短的时间里完成最多的工作"，而是更多地以我们所投入的时间、熬夜的频次和能够展示的努力程度作为衡量标准，过度追求生产力使我们逐步变为工作狂。然后，我们被"聪明地工作"这一理念洗脑，认为这是一种明智的选择，但除非我们在工作中花费了大量时间，否则就不能算是"聪明地工作"。从这一意义上来说，在我们的工作和生活中，"生产力"已失去了其原有价值，转而变为了一台逼迫我们不断努力工作的机器，使我们一直工作到入土为安的那一天。或者，当我们意识到我们永远也赢不了这场关于"生产力"的比赛时，我们会退一步，为将来做打算。但往往在我们年复一年地认为自己不够优秀、不够努力后，我们才会有这种思想转变。

以上观点可能失之偏颇，但我确实并不认为盲目追求生产力就是最有成效的工作方式。

大量研究都表明了这一观点。2019 年（当时英国仍未脱离欧盟），与欧盟其他成员国的劳动者相比，英国人每周工作时间最长（平均每周工作 42 小时），却并不是生产力最高的国家。与此同时，欧盟其他成员国在休息方面表现得很出色：爱尔兰人的每周平均工作时间为 35.4 小时，远低于欧盟各国 40.2 小时的平均工作时间。在所有国家中，爱尔兰人的工作效率最高，丹麦紧随其后，其全职员工每周平均工作时间为 37.7 小时。法国人有一项法律规定，员工下班后不需要查看电子邮件，也不能要求任何人查看电子邮件。在谈判过程中，法国工会坚持认为，新型"居家隔离"政策有力地减少了数字技术促成的"未申报劳工税暴增"的现象。

我并非指英国的劳动法需要彻底改革，但事实表明，我们不懈地努力工作并不等同于我们正在高效工作。这背后似乎还有另一种更糟糕、更可怕的可能性，即为了使资本家受益，社会层面将无偿加班归入"提升生产力"的范畴。除了在办公室加班外，无薪实习和拖欠工资在许多行业都是常见现象。在劳工保护方面，虽然英国绝不是表现最糟糕的国家，但当我们得知其他欧盟国家正在积极应对这种工作文化的变化，并进一步制定相关法律来保护其公民时，我们确实觉得英国政府有必要做出行动。我不确定应该如何有效地应对这一问题——毕竟，我们也希望能够努力工作，并最终从"绝对剩余价值"[①]中获益，但资本家们打着角逐生产力冠军的名号来激励员工无偿加班，这种做法确实令我们不解，也进一步引发了各种非常紧迫且严重的问题。

---

① 绝对剩余价值是指在必要劳动时间不变的条件下，由于工作日的延长而生产的剩余价值。——译者注

自我开始工作以来，就搁置了每周只工作 4 天的想法，但这一想法对我来说，仍然像是一个遥远的，甚至有点令人困惑的梦想。新西兰总理杰辛达·阿德恩（Jacinda Ardern）表示，一周工作 4 天的做法更人性化，有助于提升工作产出，有助于"分配工作岗位，鼓励当地旅游业，平衡工作与生活的关系，并进一步提高生产率"。我们之前会主动在晚上、周末和节假日期间加班，以期给自己争取更多成功的机会，现在看来，我们当时都被希望的假象迷惑了。我很清楚，我们每个人都有一种独特的黄金平衡，在这种平衡中，我们可以通过休息和休养来提高自己的生产力。当然，我们这样做也无法改变现有的生产力制度，但为了能够更好地适应当前的职场环境，我们必须要在个人层面做出改变。

然而，虽然我们都知道自己需要好好休息、好好生活，但我们的首要任务似乎就是努力工作、有所建树。坦白来说，这种工作方式在很多方面都非常有益，这也是我在本书的第一部分写"深度工作"这一主题的原因。但如果你不喜欢工作，深度工作对你来说就毫无意义。我并不是建议我们不需要深度工作并彻底摒弃工作的概念（毕竟在过去 4 年里，我也一直在努力创业）。但我们对工作产出的痴迷使得"深度工作"和"关怀自我"成了彼此对立的概念，从而掩盖了它们相互依附、共同存在的本质。深度工作到底意味着什么？如何才能保证生产力？如何才能做到关怀自我和合理休息？现在，是时候让我们来重新定义这些问题了。

目前，我们对于生产力的看法不够贴合实际，而且我们所理解的生产力也并非真正的生产力。但值得庆幸的是，还是有很多人可以在工作时享受自我。面对微薄的收入，他们知足常乐；面对繁重的工作，他们享受过程。他们每天尽心工作，这样就可以提前完成任务，然后在剩下的时间里去喝杯啤酒、跑步或做任何他们喜欢的事情。但在我们的新型职场环境中，这样做的人们几乎被视为异类。

工作狂

我第一次听到这个词是在一个研讨会上，当时我有幸与尼兰·维诺德（Niran Vinod）和达莫拉·蒂梅因（Damola Timeyin）一起讨论他们的著作《如何构建它》（How to Build It）。这一术语足以阐明一切。

在"忙碌文化"兴起的过程中，我发现了一个特别矛盾的地方，那就是并非所有的忙碌程度都相等。我所讨论的"忙碌文化"——无休止的忙碌和工作狂——和那些需要额外工作和加班以维持生计的人并不相同。"工作既可以富有魅力，也可以丑陋不堪；工作既可以令人艳羡，也可以充满剥削"，只有当人们不再为了产出而工作时，努力工作才会变得富有魅力。以上这些内容我们都早已耳闻，我们都喜欢炫耀自己在某些领域工作有多努力，但当我们被迫去做这份工作时，这份工作就不再是"值得炫耀的事情"，这是我们都不愿承认的事实。当我在社交媒体上宣布自己在工作上花费了多长时间时，因为努力工作契合了中产阶级的成功路线，因此，我深深沉浸于这种"辛劳的魅力"之中。我认为，这种魅力有一部分来自这样一种幻象，即我们不再置身于工业革命时代，所处的新型职场环境里也不再有剥削现象（其实仍然存在），我们的职场环境既现代又美好。

当然，我们不仅只在社交媒体领域才会发现日渐扭曲的生产力观点。从某种程度上说，在我出生之前，"忙碌文化"就已经成了职场文化的一部分：谁不想在深夜离开办公室时被同事看见呢？谁会主动跟同事抱怨工作太过繁重呢？又有谁不会选择在周末发电子邮件，以证明自己时时刻刻在工作呢？我们想要显示自己在努力工作是正常的人类心理，这也为我们提供了一个很好的方式，来帮助我们宣泄情绪，并得到奖励。但我确实认为，当我们时时处处（能够在社交媒体上随时关注到朋友和偶像发布的动态）都能发现这些信号时，社会范围内的"内卷"[①]程度会加剧。这种"内卷"已经超越了朋友圈和办公

[①] 内卷是网络流行语，用来指代同行间竞相付出更多努力以争夺有限资源，从而导致个体"收益努力比"下降的现象。——译者注

室的范围，从四面八方、工作内外来围攻我们，即使我们再怎么强调"晚餐时不谈工作"，也无法阻止这种围攻。之前，当我们下班时，这种"内卷"就自动停止了。但现在，即使在我们回家后很长一段时间，这种"内卷"仍在持续，而比较的对象范围也扩大了许多。无论我们在做什么，目之所及都是朋友、朋友的朋友、偶像和敌人的"表演式工作"现象。

贾·托伦蒂诺（Jia Tolentino）在她的文章《互联网中的我》（*The I in Internet*）中讨论了互联网的兴起及其与我们如何看待自己身份的关系。她认为，互联网高估了我们自己的声音和政治参与度，也就是所谓的美德信号现象。根据托伦蒂诺的说法，互联网就是一种"潜在的绩效激励"机制，人们会在网上表达自己的政治观点，通过表达对"坏事"的厌恶和对"好事"的支持来表明自己的美德。托伦蒂诺认为，大多数人之所以这样做，主要是因为我们"真诚地希望自己拥有美德"——我们很想成为好人，支持好事，谴责坏事，这是我们的原始向往。

我非常赞同作者的想法，并开始思考这与我们展示自己工作有多么努力之间的关系。从这一意义上说，我们的目的不是要显示自己的美德，而是要传递忙碌工作的信号。"潜在的绩效激励"也可以作为忙碌度计量工具，我们可以通过所花费（和分享）的时间来证明自己的生产能力。就像托伦蒂诺描述的潜在绩效激励一样，我们确实渴望成为一个勤奋工作、获得成功的人——或者至少不要比我们身边的人懒惰。像人们会在社交媒体上发布自己帮助他人的照片以显示他们是好人、有爱心的人一样，我们也会在社交媒体上发布"辛苦工作"的照片以向观众（和我们自己）发出信号，表明我们的勤奋和努力。一直工作似乎很酷，仿佛它能使我们在道德上更加优越，而不是让我们既精疲力竭又没有得到回报。在这样的文化背景下，当代的年轻人饱受激励、不断进取，他们致力于改变世界，有什么比置身于这样一个时代更好的事情呢？我们可能会觉得这样也很不错。但实际上，这种"内卷"的方式已经远远偏离正常的轨道，以至于给世界带来了破坏和混乱。

它使得人们无法准确地评估什么是努力工作，什么是富有成效，以及从另一个极端来说，什么是"懒惰"。

周末不想工作？太懒惰了。

想要去休假？太懒惰了。

早上9点才开始工作？太懒惰了。

晚上想要和朋友一起聚会？太懒惰了。

如果我们想要取得成功，就只能不眠不休地努力工作，就必须牺牲日常生活，全身心地投入到工作当中——现在，我们已经将这一观点内化于心。坦白说，我也不知道为何会这样。实际上，我们不会都放弃社交媒体（尽管有些人可能会认为这是最明智的做法），我们也无法在一夜之间彻底改变职场文化中根深蒂固的部分。我能给出的唯一建议是，在社交媒体上浏览别人发布的动态时，我们要提醒自己客观地去看待这些内容，而且只需要了解表面信息就好。比如，如果一个人凌晨2点还在办公室，这表明他虽然工作到很晚，但并不意味着他昨天也是工作到这个时间，他明天还会工作到这么晚，更不意味着他在这个时间点之前已经工作了很久或之后他会继续工作下去（据我们所知，有些人是猫头鹰型的作息习惯，他们只喜欢在晚上工作）。我们只是看到了一张拼图的一小块，并天真地认为这就是整张拼图的全部内容，但实际情况并非如此。世界上并不存在统一的努力工作的标准，因此，没有人能告诉你什么才是真正的"努力工作"。但所有的努力工作都有一个共同点，即人们并不是一直都在工作。

就像社交媒体会影响我们的外在形象一样，我们需要讨论一下我们的生产力形象。我们如何看待自己的工作习惯？这一看法是否准确？是可持续的吗？我们只是花在工作上的时间少了点儿，而这意味着我们懒惰吗？还是因为我们将自己与线上和线下的人们进行比较，从而扭曲了对于生产力和职业道德的看法？我们也想像那些表演型工作狂一样努力工作或延长工作的时间吗？通过与自己进行对话，我们至少可以正视自己真正想要的东西，明白自己真正所处的位置以及想要去往的方向。

　　如果我们不能辨别这种扭曲的生产力形象，也无法做到像其他人那样努力工作（或者更确切地说，我们认为他们在很努力地工作）时，我们就有可能一直处于内疚状态，从而认为自己无法将工作做好或者没有资格享受成功。我认为，我之所以会出现这种现象，在很大程度上要归咎于"冒充者综合征"：当我在社交媒体上看到有人发布"凌晨5点就开始工作"的帖子或在熬夜工作的图片时，我立刻会想道："我就是不如他们努力。"如果连我这样常常"努力工作"并且经常发布"忙于工作"动态的人都会产生这样的想法，那么我很确定，当看到他人的"努力工作"动态时，很多人都会和我一样感到焦虑。

　　当我深入研究自己的生产力形象和我用来彰显忙碌状态的社交动态时，我开始担心其中的一些动态并不具有价值。我的意思是，在这个由社交媒体驱动的新世界里，大家比以往任何时候都更容易受到这种扭曲价值观的影响。最重要的是，社交媒体打破了物理距离上的局限性，因此，如果我们身处一种文化背景中，又在网上接触了另一种文化，我们就很可能同时受到两种文化的影响。话虽如此，我自己肯定也深受这两种文化的影响。我住在英国首都，并关注了一些容易煽动焦虑情绪的媒体账号（社交媒体和其他媒体平台）。我是一名企业家，这一称号在不同的国家和行业中有着不同的含义。我所使用的例子主要是社交媒体的极端表现——以企业家为中心的"忙碌"团队在以狮子为背景的社交媒体主页上发布励志名言，从某种方式上象征着他们优越的职业道德。

但现实情况是，无论是职场人士、全职妈妈还是在校学生，几乎人人都容易受到生产力形象扭曲的影响。这不仅体现在大家会在周末加班或没有假期——在某些领域，它可能表现为一种忙碌的文化，或者是一种多角色兼顾的能力，让你既是好父母又能在职场上游刃有余。

现在，是时候仔细研究一下生产力的本质了，为此，我们需要提出一个新的"生产力"定义，并庆幸我们明白了"生产力并非指持续工作"这一事实。总体而言，我们需要达到一种平衡状态。

和其他人一样，我也不喜欢"平衡"这一概念。我认为，这个本该有价值的美好概念已经演变成另一个不切实际的标准，即我们应该如何生活。现在，"平衡"也代表着一种道德优越感——如果我们能在工作、社交生活、健身、人际关系、财务、交友、家庭成员和睡眠等因素上面达到均衡的状态，我们就达到了"平衡"。在我看来，平衡应该是一种圆满的状态，但我们总是在一件事情上面付出太多，而在另一件事上付出太少。因此，我觉得我们不应该将生活视为一套必须保持平衡的天平，而更应该将其视为一张囊括我们生活各个领域的饼状图。这一饼状图在每天、每周、每个季节都会进行规律的调整——但重要的是，这一切都构成了一个大的整体：我们的圆满生活。尽管这听起来像极了无聊的电视剧标题，但我认为，与其说我们的生活即将以某种方式倾覆，不如说它正在根据我们的优先事项和环境进行调整和改变，想明白这一点很重要。我认为挑战在于如何避免将这种"圆满"变成另一种我们无法掌控的期望，其应对方法是：我们要认识到，在任何时候，我们每个人都没有单一的解决方案。饼状图的优势在于，分布方式并非一成不变，整体更为灵活。只有将这些片段视作边界而不是障碍，并将其视为可支配的工具而不是严格的规则，我们才能现实地看待我们想要的生活。

我对于工作和休息的看法一直很固执。我不知道为何自己一直执着于"自律"这一想法，但我的脑海里总有一个小小的声音在低语"只有弱者才休息"，尽管我知道事实并非如此（我也可以经常软弱）。当我墨守成规或对自己苛刻时，我会努力鞭策自己，为了证明自己，我往往会把工作时长看得比效率更加重要。

工作与休息之间相互影响——识别什么时候通过停止工作来关怀自我，或者什么时候只是出于懒惰才停止工作，这是我专注于提醒自己却一次又一次忘记的事情。有时候，我发现确实很难去平衡这两者之间的关系，我认为一部分原因在于我们这代人看待关怀自我的角度不同，另一部分原因在于我们每个人的认知不同。如同美化"忙碌"一样，人们也美化了"关怀自我"，将其变得高高在上、与"自律"和"努力工作"这类字眼无法兼容。因此，让我们回到最基本的问题，相比于将"关怀自我"视为一个令人不知所措的流行语，我们需要了解如何使"关怀自我"与我们的生活和工作兼容，从而使它真正地对我们产生价值。

我希望你能够将关怀自我视为一种生产力，而不是你需要努力来平衡的事情。关怀自我并不局限于保持卫生，勇于拒绝他人的邀约或者取消计划。关怀自我的实际意义是"我要好好照顾自己，并且接受自己的局限性"。我们要了解自己，照顾自己，并尊重自己。每当我发现自己没有做好这一点，我就会按照关怀自我的字面意思来行动：照顾好自己。关怀自我没有对错之分，也并非一个商业化概念。关怀自我的意义在于：确保我能够得到自己需要的东西。我们需要将关怀自我作为一种生产力来管理，这样它就可以成为一种服务于我们的工具，而不是帮助我们逃避自身责任的借口。

人们常说："我们无法从空杯里倒出水来（比喻我们不要为了工作去透支身体）。"虽然这句话很有道理，但实际情况要更加复杂一些。我们无法将人生比喻为杯子，我们也都知道一旦身体垮了，就无法再继续工作，但有时我们确实不知道如何才能重新恢复精力。有时候，我们并不疲惫，只是不想去工作而已。其实知道什么时候应该工作，什么时候应该休息一下，什么时候应该努力，以及什么时候能够恢复精力才最重要。现在，让我们来了解一下关怀自我的好处，以及为了提高生产力而从工作中抽身而出的能力。

第六章
你可以拥有一切

"你可以拥有一切"这一概念自问世以来，发生了很大的变化。在 1982 年出版的《即使一无所有，你也可以拥有一切：爱、成功、性、金钱……》（*Having It All: Love, Success, Sex, Money ... Even if You're Starting With Nothing*）一书中，海伦·格利·布朗（Helen Gurley Brown）甚至没有提到"孩子"这一概念。然而，在这本书出版后，人们开始对其进行解读和引用，并将其视为"女性可以拥有一切"（这里的"一切"指的是职业和家庭）理念的诞生源头。随后，海伦·格利·布朗成了能够平衡"一切"的女性的典型代表：她成了一名优秀的母亲，拥有蒸蒸日上的事业和幸福的家庭生活。虽然海伦·格利·布朗的观点现在有点过时了，然而这本书仍突显了当今女性最关切的问题：应该如何应对个人和职业生活中的竞争压力，最为关键的是，应该如何脱颖而出。

对于海伦·格利·布朗之后的几代人来说，我认为我们解释和看待"你可以拥有一切"的方式已经发生了变化。自这一概念问世之后的40年来，人们开始强烈抵制这一概念，甚至现在Z世代及之后的一代也不再将这一概念作为标准来讨论。它从女性梦想的象征，演变为了一种近乎讽刺的文化，它极力鼓动女性努力去实现家庭和事业的平衡，而不是鼓励女性向社会提出合理要求，进而实现同工同酬、享受产假和其他平等政策。在我这一代人看来，"你可以拥有一切"似乎超越了性别不平等的范畴，正在经历一场重生。在很小的时候，我们就开始挣扎着去"拥有一切"——这是一个永无止境的成长仪式。在学校里，除了完成必修课，我们还必须参加其他课外活动。除此之外，我们还要努力表现得聪明可爱、受人欢迎、无忧无虑，即使在网上发布个人动态，我们也要想方设法获得更多的点赞量——我们过度强调了"平衡"这一概念的重要性。我们仿佛身处一场永远不会结束的比赛中，在这场比赛中，我们被迫要一直保持热情，同时还要不断取得进步。

从我现在的处境中，我觉得可以得出两个结论：一个受过私立学校教育的人能够同时兼顾繁重的学业和一系列课外活动；这个人已经做好面对"平衡一切"的准备，并且积极关注这种转变。关于第一个结论，我觉得是自己不够知足——因为在其他人无法拥有机会时，我不应该再抱怨自己的任务（机

153

会）繁多，而是应该安静地享受这些机会。这样说起来，确实比较合理。但当我一边写下这些文字，一边嘲笑网络上的"脆弱一族"时，我突然意识到，努力"拥有一切"绝不是那些从小就拥有很多机会的人才会面对的问题。现在，我们的世界已经发生了变化，它鼓励我们所有人都去"拥有一切"。然而，不平等的现实意味着，一些人比其他人更容易应对这一处境。无论是在学校还是在家里，越是专注于课外活动的学生，他们的选择也越多，未来也越广阔。我就是一个活生生的例子，我靠着音乐特长奖学金才读完了大学。参加不同的课外活动意味着你可以从中获取不同的技能（这些技能也可以写进你的简历），并为你之后的职业选择及人生道路拓宽了方向。因此，我们要努力使每个人都拥有吸收更多知识、掌握更多技能的机会，以帮助他们在自己所选的道路上取得成功，这一点至关重要。现在，让我们再次看一下"比赛"这一比喻，我们都是一场"疯狂障碍赛"的参赛选手，但我们中的一些人并没有得到任何辅助工具。对我来说，鼓励大家认清这一事实非常重要。

在社交媒体上，从只看到他人的生活碎片，到看到很多人似乎在很多方面都取得了成功，我们开始忽略现实因素，并臆想每个人都可以"拥有一切"。我们比以往任何时候都更希望自己能够保持事业和生活的平衡，同时也比以往任何时候都更加努力。从传统上来看，女性很难实现工作与生活的平衡（兼顾发展事业和照顾家庭），但现在，人们对于女性寄予了新的希望，同时也是虚无缥缈的理想：女性能够同时平衡工作（即使工作时间和强度都有所增加）和生活（拥有友谊、维持人际关系、能够合理休息、坚持运动、外表美丽、心理健康，同时也要让别人看到这些改变）。"工作与生活的平衡"这个可怕的短语似乎象征着整个对话的走向，它将一个极其复杂的问题、一段充满焦虑和性别不平等的社会史简化为了一个简单的二元问题。这一短语听起来很简单，但我们却无法将其应用到我们的日常生活和工作中。对于我们这代人来说，拥有一切，并不意味着女性要打破社会加在她们身上的桎梏，而是要鼓励女性尝试去做所有的事情、擅长所有的事情，进而从中得到乐趣，并将这种乐趣不断分享给他人。尽管"你可以拥有一切"这一短语在形式上有所扩展，但它仍然在概念上偏重于女性。它存在于社会强加给我们的成功模式中，取决于我们能否平衡好人际关系、家庭生活和个人工作之间的关系。如果我们无法平衡得当，这一短语将会成为我们职业成功道路上的绊脚石："她在工作方面做得很棒，但是她已经几个月没有恋爱了，真是可悲"。——这是每个女性都不愿意听到的言论。

例如，我们可以回想一下，每当记者采访女明星时，是不是总会在结尾提一些关于她们私人生活的问题，而不是关注她们取得的职业成功呢？在一场商业合作发布会上，当美国著名女歌手蕾哈娜（Rihanna）被问及"想找什么样的伴侣"时，她的回复令人印象深刻："我没有忙着寻找伴侣，我们还是来聊一聊工作吧。"很显然，男明星很少会被问到类似的问题。比如，当记者在采访男性制片人西蒙·考威尔（Simon Cowells）和男性球星克里斯蒂亚诺·罗纳尔多（Cristiano Ronaldo）时，记者聚焦的问题是：他们最近利用自己的名气进行了哪些商业投资。

这两种不同的采访背后映射了如下社会现实：在采访过程中，记者可以询问男性打算参加的活动或他们最近的宣传工作，而因为女性容易被束缚在家庭生活中，因此，相较于关注女性的职业发展，记者更加关心她们的个人生活——这是一种实实在在的偏见。如果要解决这个问题，也许可以从两个方面着手：在工作环境中采访女性时，尽量不提及她们的私人生活；而采访男性时，可以适当询问他们的家庭情况，以鼓励他们平等地承担家庭责任。至少，这两种情况之间存在着相似之处，这令人感到不安，即使我们不去限制女性的发展，我们也在潜意识里期望女性应该同时兼顾家庭和工作。毕竟，女性"维持"家庭的能力直接影响着社会对她的价值和成功的认知。

尽管我们取得了进步（在海伦·格利·布朗那个时代，

单身女性甚至无法获得抵押贷款，现在这一限制已经取消），但女性仍然不时地为"你可以拥有一切"这一概念感到焦虑。有一点我们需要明白：在英国，在求职面试过程中询问一位女性是否有生育打算是违法行为，因为这是歧视女性的表现。然而，在 2018 年英国平等与人权委员会（Equality and Human Rights Commission）的一项调查中，36% 的私营企业雇主表示，他们认为"可以"在面试中询问女性求职者未来的生育打算，而 46% 的雇主认为在面试中询问女性是否已育这一做法"很合理"，这一点令人大跌眼镜。除了对任何被认为"合理"的非法行为表示惊讶，我们还需要提出疑问：如果雇主们认为孩子不会影响女性的工作，他们又为什么想要知道女性是否已婚已育呢？在这一假设中，我们意识到，我们目前在与这种不平等作斗争方面所拥有的支持仍然不足。显然，一些雇主认为女性员工无法同时兼顾工作和生活，也许他们的想法有一定道理。因为如果女性员工有生育打算，就会引出一系列复杂问题，比如：产假和陪产假，以及两性工资差距（如果男性赚得更多，女性放弃工作来照顾家庭是否更有意义？还是因为雇主从一开始就预料到女性有生育打算？也许我们需要借鉴以进步著称的斯堪的纳维亚国家的陪产假和育儿法）。

如果一名女性表示自己不太想要孩子或者并不关心自己的职业发展，人们会觉得她比较极端，但如果这名女性表示想要同时兼顾家庭和事业，人们又会觉得她在异想天开。与此同时，如果一名男性表示想要做"家庭主夫"——在妻子外出工作时，他在家抚养孩子、烤面包、做果酱，人们同样会认为这种想法很极端。

对我来说，我们不应该在"工作和成功更重要"还是"个人生活和社交生活更重要"这两者之间纠结，而应该努力兼顾这两者，让自己既拥有工作成就感，又拥有自我满足感——毕竟，这才是我写作本书的目的。如果我们能够有效地平衡这两者，我们的心理健康和总体幸福感便有了更为坚实的保障。我并不是说我们必须要拥有一切，而是需要知道自己想要什么，何时想要达成这些目标，并学习如何利用深度工作和关怀自我（这两者相辅相成）去达成这些目标。

我想知道，"你可以拥有一切"是否使得这些目标显得很遥远呢？我们是否会因此很难在生活中提出合理的要求呢？比如，如果在经济条件允许的情况下，你可以一周只工作四天，然后将更多的时间留给朋友和家人吗？如果可以的话，这也是另外一种形式的"你可以拥有一切"吧？当今的文化中存在着一种误区，即我们都在追求一种同质化的"一切"，但现在越来越多的女性公开宣布不想要孩子，而为了创造更适合自己的生活方式，也有越来越多的人开始选择一周只工作四天。因此，如果我们想要"拥有一切"，我们就必须去定义自己想要的"一切"是什么，除非我们真的想要拥有顽皮的孩子和忙碌的事业，否则我们可以拒绝去追求这一切。

虽然我很想多讨论一些关于"你可以拥有一切"的历史意义和现实意义，但如果我们换一种角度来看待这一概念，那么思考如何将其视为一种工具可能会更有成效。我认为我们不应该完全摒弃这个概念——毕竟我们确实既想拥有工作成就感，又想拥有自我成就感。如果我们强迫自己不再追求达成生活和事业的"平衡"，只是过度看重其中一方面而忽视另外一方面，我们就会像是一把只有单一用途的厨房用具一样，不能满足日常需要。例如，如果你不想拥有顺遂的事业或可爱的孩子，而是想要一份能满足所有需求的稳定工作，拥有热闹的社交生活，健康的身体，并还能花大量时间与家人在一起，那么你仍然需要弄清楚如何才能在生活中实现这些目标。但我们确实需要摒弃"一切"就是"拥有一切"的观念，而要相信："一切"就是拥有我们"想要的一切"。我们必须明白，在任何时候我们都无法真正拥有一切。

回想一下那个以我们的目标和愿望划分的可调整型饼状图。如果你想要在一天内完成饼状图上的所有事情，这几乎是天方夜谭；用一个多星期来完成，听起来有点耸人听闻；用一个多月的时间来完成，听起来有些希望，但你也会比较忙碌；但如果用一年多的时间，你就能完成上面的绝大部分事情或全部事情。能够拥有一切是个漫长的过程，需要我们在每一天都能够努力地实现自我价值，如果我们想要获得满足感，就需要一个更大一些的蓝图来指引我们前行。这可能无法帮助我们完全实现工作和生活的平衡，但可以帮助我们更好地分配花在工作和生活上的时间。要想达成这一目标，确实需要很多因素。但事实是，不管这种看似神秘的"工作和生活平衡"对我们来说意味着什么，我们都可以采纳一些实用的建议来帮助自己充分享受一天当中的乐趣。

饼状图里的馅料类别会出现和消失（由于不可控的外部环境影响，你可以决定饼状图里馅料类别的去留），也可能某种馅料会在我们的生活中占据越来越大的比例，这无法避免。当我们没有需要赡养的人时，你可能会把更多时间花在事业上；随着年龄的增长，我们需要分出更多的时间来陪伴孩子和父母以及处理生活中的其他事情，我们的饼状图结构也会随之改变。一旦我们认识到这一点，我们就需要利用实际的方法，随时随地灵活地调整我们的生活安排。当然，每个人的情况都不同，比如，我还没有成立家庭，身心健康，同时也是一名自由职业者，因此，我可以任意安排自己的事情。也许你在某些方面需要承担更多的责任和义务，而在其他方面需要承担的责任和义务较少，只有你才知道自己能胜任什么，或者不能胜任什么。为了充分利用这一概念，你必须清楚自己在每个时刻想要的"一切"是什么，并相应地行动起来，认真付出时间和精力去完成你想要的事情，同时也要享受那些虽然无法帮助你取得"成功"，但却能帮助你获得幸福和满足感的事情。

你可以用这个饼状图来代表你的生活和其中的所有部分，现在请去掉"状图"这两个字：这块饼就是你的生活之饼。这张饼由各种成分组合而成，你想要的"一切"就是其中的每一张或大或小的饼块，但你也不能只是不断地把各种原料放进这张饼中，然后期待它们能满足你所有的需求。每一小块饼都扮演着一个角色，它们相互补充，只有你自己可以决定这张饼的原料是什么。如何切实地将所有这些原料融入你的生活中，并使其满足你在生活中的所有需求呢？现在，你需要做的不是提出问题，而是要找出解决方案。

你可能会想："如果我给自己列了很多计划，安排了很多要做的事情，这怎么能算是关怀自我呢？这样只会让自己越来越疲惫，而不是越来越享受生活吧？"其实，拥有一切并不意味着你要去做所有事情，在你将关怀自我内化于心前，能够牢记这一点确实很重要。你需要在严格对待自我和终日无所事事之间找到一个平衡点，而不是任由自己处于筋疲力尽的边缘。要做到关怀自我，并不意味着你总是在最大限度上享受生活，或者尽量让自己多完成一些事情，但如果你真的想在生活中完成不同的事情，如果计划得当，你会过得更加充实和满足。事

161

情不会总是顺其自然地发展下去，合理规划会帮助你避免陷入不知所措的状态。比如，如果你的心理状况不佳并感到筋疲力尽，你应该优先考虑定期咨询心理医生（如果经济条件允许的话）这类关怀自我的方法，而不是先考虑其他不太科学的方法。虽然在生活中正确地保持平衡可能需要花费一些时间和精力，但一旦你掌握了这一方法，你就更可能在日常生活中感到充实和愉悦。

首先，你需要确定想往饼状图里添加哪些内容，这是整个过程中最为重要的一环。很多时候，我们所认为的生活中"最重要"的事情实际上并不是我们的优先考虑项（正如在第二章中提到的一样），这可能是我们偏离长期目标或无法体验到日常愉悦感的原因。相比较于认为自己在做什么，想清楚你真正想花时间去做什么更为重要。

例如，你可能认为自己的首要任务是找到一个浪漫的伴侣。每当某个朋友因为要和伴侣在一起而不能和你聚会时，你可能会有点羡慕或为自己没有伴侣而感到遗憾。但如果你注册了几个约会软件，却不回复任何人发来的消息或者经常拒绝接受约会邀请，那么找到伴侣也许并不是你现在的首要任务。当然，这也是一种严苛的对待自我的方式，但请相信我，如果你认为找到伴侣是你"想要拥有一切"中的其中一件事情，那么这将使你面临更为艰难的选择处境。因为在你内心深处，你还有一长串更想去做的事情，找到伴侣可能无法成为你的首要任务。想清楚这一点后，即使暂时不能找到伴侣，你也能够更加坦然地面对现实。不要因为去追逐根本不想要的东西而让自己陷入尴尬的境地，至少现在还不行。也许你需要暂时推后一些事情，才能得到此刻对你来说更为重要的"一切"。

生活中的一切并非一成不变，当你想清楚自己想要完成哪些事情并付出行动时，事情的走向就会根据你的意愿进行调整。我们现在知道，重要的不是要一直拥有一切，而是要弄清楚你真正想要什么，并通过合理安排你的时间和优先完成事项来实现这一点。一生中，人的需求和目标会随时发生变化，你能做的不是抗拒这种变化，而是重视该变化本身。

在安排饼状图内容时，你可以问自己以下几个问题：

1. 你大部分时间都在做哪五件事情？

2. 你最想做的一件事情是什么？

3. 你花最多时间做的前五件事符合你在第四章中设定的成功目标吗？

○ 比如，如果你有一份副业，而你希望将其变为一份全职工作，但如果它不在你经常做的前五件事之列，你可能需要考虑调整一下了。

○ 同样，你要弄清楚自己做这些事情是出于目标的需要，还是自己强加给自己的压力。做这些事情时，你是在满足自己的梦想，还是在满足周围人的梦想？

4.生活中最重要的三件事情是什么？

○ 这三件事情是否和问题 1 中的事情相重合？

5.你一直在拖延什么事情？拖延的原因是什么？

○ 是因为你现在并不想去做这些事情，还是因为你需要重新评估你的时间分配方式呢？

决定好想要的"一切"是什么后，你需要计划如何去完成这些事情。我明白，即使是在非工作时间，"时间管理"这个词也听起来不太舒服——积极地进行规划确实会让你获得所需的知识，并帮助你在业余时间里达成目标，但这样做可能听起来很辛苦。不过我相信，一旦你掌握了时间控制权，接下来就会集中精力在一天中认真完成应该完成的事情。你会根据自己的实际情况灵活安排休息时间，无论你的情况如何，给自己留出休息时间都非常重要。如果你能做到劳逸结合，从长远来看，你的工作效率将会更高。我并不是鼓励你采取极端措施，比如花费很多时间去跟朋友们喝咖啡，但如果和朋友们一起喝咖啡这件事对你来说很重要，你确实需要合理安排自己的时间。

有时你不得不通过提前计划和时间管理来确保自己能够从做事中获得乐趣。关怀自我也是为了提高工作效率，而在一天中完成多件事情的秘诀不是你拥有无限的时间，而是你能够合理利用时间或者积极去完成优先事项。先完成一件事，再完成另一件事，按部就班地努力，这才是平衡一切事项的关键所在。如果在做事前，你能花 5 分钟的时间来安排计划，你就可以以目标为基础优先去做自己喜欢的事情，从而获得无限的快乐和成就感。不言而喻，高效完成工作可以为你节省许多时间，从而让你在忙碌的生活中有时间多做一些自己想做的事情。

你可以自行决定如何安排计划，但除非你有很多事情要完成，否则没有必要将周末全部塞满计划。也许这个周末你想去健身房，或者下个周末想去见见朋友和家人，因此，你的周末安排可以灵活一些，不需要将每件事情的安排都精确到小时。你可以给自己留出更多的自由空间，这一切都取决于你。对我来说，当我想在饼状图里添加更多内容时，我需要在计划中清晰地体现出来。如果我想完成工作目标，每周至少与朋友们吃一顿晚餐，定期咨询心理医生，并且还能给自己留出一些休闲时间，那么在每周一早上，我需要花 5 分钟的时间来合理制订本周的计划，以保证能够井然有序地度过这周。制订计划的普遍规则是：如果你在某一周需要完成很多事情，就需要给自己制订更多计划，并且花费更多的时间和精力去完成这些事情；如果你在某一周需要完成的事情很少，就可以给自己少制订一些计划，并且在这些任务上少花费一些时间和精力（这本身就是在关怀自我）。这是现实，也是常识。你还需要记住，在安排事情时可以先制订一个具体的计划，然后逐渐养成做这些事情的习惯。例如，为了提升睡眠质量，你可以在临睡前适当控制玩手机的时间，刚开始时可能会比较困难（我自己也还没有做到），但随着不断尝试，你会发现自己的睡眠质量已经有所提升了。制订计划也是一种养成习惯的方式，它可以不断为我们带来正向的回报。

虽然听起来像是老生常谈，但我确实认为，合理完成事情的关键在于提前为每件事情设定好界限，并且懂得适时去超越这些界限。我发现，对于一些自己不太喜欢的任务，我需要更严格地执行它们。例如，健身可以让我的身心更健康，外表更美丽，因此，健身是我的首要任务，我也会把这件事情安排在我的日常计划里。但如果哪天我忘记去健身，我会觉得分外轻松，这是因为无论我多么喜欢健身带给我的效果，我仍然把健身看作一件"苦差事"。这是自我破坏机制在作祟吧？再比如，如果我需要召开会议，但忘了提前安排这件事情，我就不会再主动留出时间或精力去开这次会议，最后大家也都忘记了这件事情或者无限期地将其推后。其实对待健身也是如此，因为明白健身很重要，我就会在每周提前为其留出时间，进而每周都会去健身。一旦

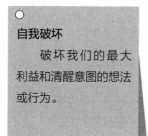

自我破坏
　　破坏我们的最大利益和清醒意图的想法或行为。

我提前为健身留出了时间，我的大脑就自动为这件事情划分出清晰的时间界限，这让我很难拖延或不去执行这件事情。

但有时候，即使充分预留了时间，你仍然很难去完成所有的事情。应对这一问题的最好方式是，你需要在饼状图的各项内容间设立明确、清晰的界线，但要确保你可以移动这些界线，即你可以自行调整在每件事情上所花费的时间以及自行增加或减少自己要做的事情——你要学会在不苛责自我的情况下随机应变。你需要明白，自己在任何时候都无法完成生活中的所有事情，但通过合理清晰地安排时间，你的做事效率也会提高。例如，当你某天仔细审视自己的生活时，突然发现工作占据了 90% 的时间，而且在近期你还要去上健身课以及和朋友一起聚餐。在这种情况下，第一种做法是，你不做任何改变。到了那天，由于下班时你还在忙于工作，因此不得不临时取消这次约会，而这时朋友已经到达餐厅等候多时了；紧接着，你又错过了健身课（还支付了课程取消费用），这会让你感觉非常崩溃。第二种做法是，出于"关怀自我"的目的，你可以将健身课和聚餐改在更为空闲的晚上进行。以上是两种不同的做法，虽然它们最后的结果一样，但会为你带来不同的心理体验——从被动失败的心态转变为积极主动的心态——尽管这种"成功"的结果与"失败"的结果完全相同，但你仍然在为日后的成功做准备。这一变化的区别在于，你是掌握了自己生活的主动权并为其设定了界限，还是仍然受制于你试图平衡的所有事情。

尽管如此，如果我认为每个人都能完全控制自己的时间，甚至也都拥有类似程度的控制权，那就太天真了。我自己拥有着许多优势：除了与生俱来的外在标签，我还拥有一家公司，虽然这让我的时间变得很紧张，但它能够让我自行安排时间，而其他人因为受雇于公司或者受限于其他社会因素，很难做到自行支配时间。有很多事情可能会阻碍你采取行动控制自己的时间，其中最为紧迫的就是经济限制：你必须长时间工作或同时做多份工作；你的精神健康状况不佳，缺乏足够的医疗支持；你负担不起公司附近的房租，只能在偏远的地方租房，而这会延长你的通勤时间。你可能很难在短期内改变以上这些情况，但也需要在某些事情上坚守自己的底线，因为这会影响到你对一天时间的实际控制权。

如果你正值花样年华，工作自由且没有任何家庭负担，那么你可以自由支配工作以外的所有时间，并把这些时间都花在自己身上。但如果你是一个带着三个孩子的单身妈妈，需要轮班工作，那么无论你的工作效率多高，你都不会因此变得更加自由，而且下班后，你还必须料理家务（给孩子做饭，接送孩子上下学等）。在这种情况下，你饼状图的内容会比我的更加紧凑一些，虽然你可以移动某些内容，但可能无法移动其他内容——有许多线条不能移动，你也无法随意从馅饼中取出切片。因此，你可以自行支配的时间也和别人的不同。

如果我没有经历过你所经历的困境，却还一味鼓励你要努力协调所有事情，这种做法确实很无知（也令人难以忍受）。但就像我之前所说的那样，你有责任积极应对并决定自己想将时间花在哪里。因此，不要再认为自己正在失去对于生活的控制权，虽然生活中的许多事情确实都不在你的掌控范围内，但至少你还可以控制其余的事情（比如给自己预留一些休息时间）——这是一种心态上的积极转变。不管你的个人情况如何，我希望这一建议能够为你带来切实的帮助。

我还想告诉你，即使在现实面前无法做到对自己诚实也没关系，毕竟有时候你写的日记也会和现实有一些出入（如果你有写日记的习惯的话）。如果你计划在周末和朋友一起出门然后闲逛一整天，这确实很不错。但如果你计划和朋友一起聚餐后，再去和妈妈一起吃晚饭，你可能会因为吃得太撑而后悔自己的安排。当然，这样安排也无可厚非，但你可以先考虑一下现实情况再去做决定。事情总有出错的时候，你也可能会误判自己拥有的时间或精力，这些都无法避免。善待自己，从中学习，不断调整，然后再继续前进，我们都是这样一步步走过来的。虽然你需要为自己的成功做好准备，但这并不意味着如果没有达成目标，就要不断苛责自己。

最后，我想说的是，虽然你想做的事情已经在日程表中清晰地罗列出来了，仿佛是在帮助你达成某种"平衡"，但你不要太过在意这些事情。毕竟，虽然知道如何平衡好这些事情很重要，但知道自己可以在任何时候拒绝去做这些事情更为重要。现实是，有时你能够去做自己想做的事情：与朋友见面，认真工作，坚持锻炼，好好睡一觉，这些都是在关怀自我，但有时候，你很难去平衡所有事情。有时候，你的生活已全部被工作或家庭占据，或者你正在经历心理或身体健康状况不佳的阶段，此时，你的饼状图看起来更像是一只颜色单调的大圆盘。如果你周五晚上没有休息好，在周六早上睡眼惺忪时，你有权利取消满满的周末计划。但当你清醒后，你可能很难面对现实，那就可以先听听自己内心的声音，然后坦然地接受这一现实——主动取消计划也是在关怀自我。你要知道如何才能最大限度地利用时间来做自己喜欢的事情。"你可以拥有一切"不仅让你知道如何平衡自己想做的事情，也让你知道如何拒绝自己不想做的事情，这个新定义可以带给你力量，也可以帮助你更好地关怀自我。

第七章

无为而治的艺术

在"深度工作"这一部分，我们已经讨论过关怀自我是一种富有成效、目标驱动、能为我们带来充实感的方式，我们也谈到关怀自我就是在工作之外做各种自己喜欢的事情，并通过充实我们的生活和获得我们想要的"一切"来给自己充电。接下来，我们将要讨论的是人们最易于接受的关怀自我的方式：后退一步、停下来休息和无为而治。虽然这不是关怀自我的唯一方式，但有时我们确实需要停下来休息一下而不是持续去做某些事情，为了能够"拥有一切"，我们必须让自己拥有能够休息的自由。接下来，我们要谈论的是：无为而治的艺术。

在当今社会中，"你可以拥有一切"这一概念似乎忽略了一个事实，即为了能够拥有一切，我们需要拥有无为而治的能力。众所周知，时间就是金钱，这不仅会令我们更加充分地利用时间，也意味着我们必须经常做一些事情来避免"懒惰"。有记载显示，"电灯之父"托马斯·爱迪生（Thomas Edison）发明电灯的动机是希望人们能够不间断地进行工业生产，这一点对我来说特别具有启发性。爱迪生似乎认为，人们的照明时刻不应该受到睡眠时间的限制，但这一想法不仅无法解放人类，还打破了我们昼出夜伏的自然规律。而且，就连推特（Twitter）也不时宣传这一信条："在我们睡觉时，真正的赢家都还在工作。"现在，这一概念已经广泛地渗透进我们的文化中。正如我们在整本书中所讨论的那样，这就是人们会认为我们这代人比较疲惫、脆弱、无责任心、懒惰的原因。现在，我们要么竭尽全力让所要做的每件事落地，要么已经累得筋疲力尽，无奈地瘫倒在沙发上，让自己无所事事的想法似乎是不合理的。

　　环顾四周，无论是在真实生活中还是在网络上，我看到了两种关怀自我的形式："健康战士"和"网剧僵尸"。这两种关怀自我的形式都比较有限，都不能让我们以正确的方式来关怀自我，有时甚至完全无法满足我们的需求。当人们将关怀自我视作一个美好的健康世界——一个由"正念"等术语推动的价值万亿美元的行业时，许多人都无法面对或者认真看待这一术语。与此同时，我们看到了一幅对比鲜明的画面：一个人戴着口罩像僵尸一样坐在那里，面前的屏幕上播放着网剧，而他在漫不经心地刷着无聊的社交媒体。难怪每当人们听到"关怀自我"这个词时，总会下意识地出现两种对立的反应——要么是在狂热地放纵自己，要么是在浪费时间、无所事事。

下面，我想谈一谈自我关怀的有效形式。认识到"无为而治"不应该是我们筋疲力尽后的结果，而是我们的重要生活方式之一，这一点对我们的生产力以及工作和业余生活都至关重要。在我看来，我们更像是一辆新能源汽车（更加环保），而不是一辆燃油汽车。新能源汽车无法像燃油汽车一样立刻就能加满油，然后又重新出发，为了能够达到最佳行驶状态，我们需要在新能源汽车"电量耗尽"前就为其充电。我们需要重新定义对"无为而治"的看法，从一种"自我放纵""浪费时间""都是千禧一代的臆想"的刻板印象，转变为可以帮助我们有效地"充电"并再次恢复精力的有用方式。其实，停下来的时候并不意味着我们什么都不做：为了获取继续前进的能量，我们正在给自身"充电"，这种做法很有必要。我们经常会在需要的时候就插上电源充电，但有时我们就像在低温下的电子设备一样，电量耗尽的速度会比想象中的速度更快。如果我们不能有效地认识到这一问题，就如同汽车会因为没电而突然停下来一样，我们的工作效率和工作质量都会下降，而且，我们的情绪、自我价值和心理健康都会受到负面影响。

有一件事我觉得很荒谬，即使员工真的筋疲力尽并开始有感冒迹象，其所在的工作单位也不赞成员工在生病前请病假。然而，如果你躺在床上好好休息一天，在一周的其余时间里，你的精力就会非常充沛。实际上，正如我们在 21 世纪所宣扬的坚韧的职场文化那样，大部分人都会拖着疲惫的身体继续工作，直到自己的病情加重并将感冒病毒传染给其他同事，还因此打破了自己从不请假的好名声。这时，你需要请更多天的假才能确保自己完全康复，但如果你能够早一点请假回家，就不需要请这么长时间的假了。每年冬天的早晨总是出奇地阴冷，随着流感的传染性增强，人们逐步形成了这样一种观念：这只是一场小感冒，我们没有必要停止工作，更没有必要请假回家。平日感冒时，我们并不担心自己的身体会变得虚弱，也不担心自己在工作时难以集中注意力，但随着 2020 年新冠肺炎疫情的暴发，我们都开始惶惶不可终日，也许我们对待病毒的态度最终会因此而发生改变。

我曾在一家银行工作过一段时间，我记得同事中有一位刚毕业的名校生，他有一天生病了，每隔几分钟就要去厕所呕吐一次。我建议他，为了自己和周围其他人的健康着想，最好回家休养一段时间。听了我的建议后，那个人瞪大眼睛盯着我，好像我刚刚指控他吐在了办公室经理的膝盖上。他骄傲地回应道，在读研究生的两年时间里，他从来没有请过病假。当然，为了保住自己的工作，这次他也不打算请病假。在向他表示了敬佩后，我重新开始做自己的工作，并且暗暗期待着自己有朝一日能够逃离这样的工作环境。

在新冠肺炎疫情暴发后，我发现大家对于病假的态度并没有出现较大的转变，这一点很令人遗憾。因此，以后遇到需要请病假的问题时，我建议大家使用"三级法"。

第一级："开始工作，但要向团队说明，如果情况变得更糟，你打算居家办公一段时间"。在这一阶段，你要向团队保证"你肯定不会休假"，这一点很关键。

第二级："病得不严重，居家办公"。你生病了，但还需要工作。正如你在病情严重前所保证的那样，你将待在家里继续工作。如果你没有成功请到病假，在办公室里工作时就要很小心，尽量不要把病毒传染给其他同事。当然，你仍然需要通过某种方式表现出自己真的病得很严重，比如将显示发烧的温度计照片上传到社交媒体，故意让关注你的同事和上司看到。如果你不喜欢使用社交媒体也没关系，在开线上会议时，你也可以选择用沙哑的声音说话，以此显示你真的病得很严重。

第三级：病得很严重，然后请假去医院治疗。

以上这种"三级法"表明了员工请病假的困难程度，特别是在疫情出现后的今天，当居家办公已经成为一种疫情防控需要时，我们要想请到病假更是难上加难。但抛开讽刺意味不谈，我写这篇"病假攻略"的目的是强调在事情变得紧迫（由于疾病、倦怠，还是任何其他不可避免的、需要我们暂停工作的现实情况）前，花点时间去休息一下的重要性。"亡羊补牢，为时未晚"，希望我们都能够提前好好照顾自己。

作为一名企业家，为了寻求经营公司的灵感以及找到志同道合的朋友，我很喜欢在社交媒体上关注其他企业家，因此也常常接触到"没有休息日"的观念。这些企业家经常发表诸如"如果看不到成果，就不要休息""别人睡觉时，你要努力奋斗；别人聚会时，你要好好工作"的言论，因此，我只好在社交媒体上取消关注了很多我真正敬佩的人。当关注成功者的故事时，我们会备受安慰和鼓舞；但当失眠时，他们的故事也给我们带来了很大的压力。我逐渐意识到，"没有休息日"这一观念在一定程度上矫饰了倦怠文化，在这种文化中，持续工作直到倦怠不堪被视为至高无上的荣誉。当然，我们也可以决定不休假，但这样做几乎不会对我们的工作产生任何益处。不管实际情况如何，我们都需要让自己好好休息一下。

我们不仅在工作和生活之间缺乏界限，也缺乏对于人类局限性的了解，因而无法将关怀自我视为富有成效、高质量工作的必备元素。为了在未来表现得更好，我们需要掌握关怀自我的艺术。我们不是可以持续工作、从不休息的机器人，不给自己安排休息时间并不能让你变得更优秀、做事效率更高，这是我们错误地将生产力、自我价值、成功和不懈努力等因素捆绑在一起的后果。或许我们在工作时比一般人更加努力，并拥有异于常人的生产力，但问题是：如果不尊重自己的局限性，我们的工作质量就会大打折扣。我们需要有效地关怀自我。无休止地工作并不会让我们更容易取得成功，反而更容易让我们变得疲惫，这并非我们想要的结果。

"无为而治"是我在书中提到的一个最为重要的概念。现在，人们不再将倦怠看作一件坏事。我周围的人误认为我一直在工作，这让我感到困扰，而告诉他们我并非一直在工作，更让我觉得烦闷不堪，毕竟现在比较流行奋斗文化，如果我告诉他们实情，他们可能会认为我很"懒惰"。我们因为长时间努力工作而抱怨工作的辛苦，这一行为也合情合理。什么是真正的倦怠呢？众所周知，倦怠对我们百害而无一利，并且会严重危害我们的心理健康。有效地关怀自我（掌握"充电"的艺术）是能够避免我们陷入精疲力竭、处于无效率状态的唯一途径，更是维持我们心理健康的极好方式。我再重申一次：我们不需要在生产力和关怀自我之间做出选择，它们在本质上都相同——无为而治对我们大有裨益，关怀自我虽然无法帮助我们加快工作进度，但可以帮助我们再次恢复精力。作为 Z 世代，我担心我们可能很难将以上观点内化于心。

现在，让我们改变一下措辞：即使不为别人，为了我们自己，我们也要做到"无为而治"。

其实，无为而治并不是指什么都不做，真正的"无为而治"是一种艺术，也是一种能力。要达到这一状态，不仅意味着我们可以放任自己在家追剧、花很长时间护肤等，还意味着我们需要采取一些富有成效且极有必要的关怀自我的形式。

关怀自我的第一条有效规则是：思考你需要什么，而不是你想要什么。关怀自我和高效工作一样，都需要我们用自律来约束自己。别担心，接下来我要讲的不是列计划。虽然我们很喜欢倾听"来自身体的信号"，但我们并不总是擅长于理解自己的需求。而且，我们并非生活在虚拟游戏里，也没有程序来提醒我们到底需要什么，这一事实令我们感到沮丧。谈到关怀自我，自我破坏是一个非常现实的危险因素。有时候，我们很难分辨出"关怀自我"和"有意拖延"之间的区别。正如我们所知，有时候关怀自我的最佳方式就是高效工作——在截止日期到来前完成那些琐碎的小事，因为有时候什么都不想做就是一种拖延。有时，我们确实需要退后一步，让自己恢复精力。为了帮助人们了解自己和自己的需求，虽然我可以给出一些建议，但归根结底，我无法提供一份使用指南。工作时间和休闲时间之间并不存在理想的比例，这是每个人自己的独有体验，合理使用这本书可以帮助人们找到最为适合的方法。这需要我们不断尝试，逐步了解自己，当我们不可避免地犯错时，不要掉入失败的陷阱中并从此一蹶不振。了解自己真正想要的东西会为我们带来长久的益处，而不只是带来瞬时的、短期的满足感，这一点通常很难理解，也需要我们牢记于心。对于成年人来说，没有人能告诉我们什么最适合自己，这既是一种幸福，也是一种不幸。我们需要花费时间和精力去学习和实践，这是我们能为自己、工作、心理健康和生活所做的最重要的事情。

了解自己的局限性的最好方法是：诚实地倾听内心的声音，然后从结果中吸取教训，再重新开始（即使这意味着你永远都不再相信自己的直觉）。例如，虽然你很喜欢工作，但持续工作而不休息并非对你最有利的方式，因此，你需要凭直觉提醒自己去做一些改变。你可以先了解自己的真实需求，然后再据此采取行动。同样，当你处于"无为而治"的状态时，为了能够关怀自我，你可能需要额外激励以帮助自己再次投入工作。有时候，你之所以会拖延是因为你的身体在提醒你需要休息一下；但有时候，你只是单纯地想要拖延时间，你需要仔细分辨这二者的区别。

我一边建议"倾听自己内心的声音"，一边又说"有时我们可能对自己不够了解，因此无法辨别自己真正需要什么"，这可能听起来有些矛盾。但现实是，虽然我们可以而且应该努力"了解"自己，但我们也在不断发生着变化，因此，曾经的答案可能不再适用于现在的情况。就像在努力学习每天都在变化的教学大纲一样，我们也无法做到一直"了解"自己（人类具有局限性），但一定程度的自我意识可能会帮助我们在其他方面做得更好，这是值得我们追求的事情。归根结底，我们所需要的关怀并没有标准公式，因此，我们需要不断地了解自己，而当了解不透彻或事情不能按我们想要的方式发展时，我们就需要随时进行调整。

了解我们的界限意味着我们可以利用它们为我们带来益处，而不是将其视为阻碍我们前进的绊脚石。在我上大学时，有段时间学业任务特别繁重，如果我在周一要交一篇论文，在周四要交两篇论文，我通常会在前一周就集中精力完成这三篇论文，这样自己就有了一整周的休息时间。我知道这听起来很疯狂——将一周的时间安排得那么紧张，怎么能算是关怀自我呢？但我了解自己，如果有什么事情急需我去完成，在那段时间里，我会很难完全放松下来（一直想着那件事情）。我知道，如果我在一段时间里更加努力一些，我就可以有更多的时间去做自己喜欢的事情，也可以有更多的休闲时间。对我来说，这是一种在繁忙日程中关怀自我的方式。因为我知道如何更好地给自己充电，因此我为自己设定了时间界限并会坚持到底。

当我们谈到"无为而治"时，我认为这并非在背叛传统的工作方式。工作很可能会让我在日常生活中疲惫不堪，但工作却不是唯一令我疲惫不堪的因素。我经常在参加多人聚会后感到筋疲力尽，感觉比做一下午的演讲更劳累——这说明有许多不同类型的"工作"都会让我感到疲惫。虽然某件事和工作无关，但并不意味着我们可以无限制地去做这件事情。无为而治也意味着我们需要偶尔从社交和情感方面的事务中抽身出来，让自己好好休息一下——我们不需要时刻去关心朋友、支持他人、在聚会中活跃气氛，更不需要时刻按照别人的期待来生活。但正如我们之前讨论的那样，要想知道什么时候适合和朋友共进晚餐或什么时候适合参加集体聚会，这一点确实比较困难。

除了"了解自己"，我们还可以了解自己的性格是外向还是内向，以及共情能力和社交能力如何，这些方面都可以为我们提供一些有用的帮助。一般来说，内向者倾向于从独处中充电，在社交场合会觉得疲惫不堪；而外向者不太喜欢独处，在社交场合会更加游刃有余。之前我是外向型性格，有趣的是，随着年龄增长，我变得越来越内向。因为工作原因，我需要经常与他人待在一起，而且常常是众人关注的焦点，因此，我非常钦佩那些在独处时能够自得其乐的人——对我来说，"长大成熟"意味着在很多时候都能适应独自一人的生活。从 13 岁开始，我随母亲一起搬到伦敦生活。大多数时候，母亲都在工作或者出门旅行，而我因为不想独自在家，会日复一日地在不同的朋友家里借宿。我清楚地记得，有一次学校放了两周假，因为不想一个人待在家里，我没有回过家，而是在不同的朋友家里借宿。其实，我并不喜欢和朋友住在一起的感觉，但是相比之下，我更害怕独自面对孤独。后来，我发现其实自己并不喜欢借宿在朋友家，只是自己内心的不安全感在作祟。从那以后，我就一直在尽力克服这一点。

结果，我现在真的爱上了独处，在周末晚上必须要出门见人时，我都要挣扎着鼓励自己走出家门（感觉自己有点矫枉过正了）。在这样的转变中，我不得不质疑：我到底是想要享受独处，还是想要将自己与外部世界隔绝。而一些性格内向朋友的经历则和我恰恰相反，他们一直在试图提升自己的社交能力——这表明每个人的社交能力都不同，每个人想改变自己社交能力的意愿也不同。我对心理学稍微有一些了解，因此我很清楚自己在每一天、每一周、每一个季度里从外向性格到内向性格的转变过程。我发现这一转变取决于时间、周围人的态度以及我的内心想法——这让我更加了解自己。另外，了解朋友的需求和喜好也很重要。有时候因为想要独处，出于内心的选择，我没有答应朋友的聚会请求，但我的朋友们却无法理解我的做法，每当这时，我也会觉得沮丧。我们都会面临这样两难的选择——既需要和朋友一起放松，也需要花时间去做自己想做的事情，我们越能意识到自己和周围人的需要，就越能提前在生活中留出一些休闲放松的时间，从而让每个人都感到更加充实和快乐。

2017 年，卡罗琳·奥多诺休（Caroline O'Donoghue）在《红秀》（*Grazia*）杂志上发表了一篇题为《不要假装你的合群是在关怀自我》（*Stop pretend Your Flakiness is Self-Care*）的文章，其中提到了很多打着"关怀自我"旗号的矛盾之举，我很喜欢这篇文章。诚然，在几年后的今天，其中一些话题可能不再那么流行（如果作者能够解释心理健康和合群之间的关系会更好一些），但这种观点基本上还是很正确。这篇文章将取消朋友聚会的现象描述为"关怀自我"，我们都在这么做，而且频次越来越高。但奥多诺休认为，由于双方都同意延迟聚会，从长远来看，这会对我们产生不利影响。就像大多数即时满足行为一样（比如，找理由请病假），虽然取消聚会转而去做自己的事情会让人感到快乐，但当快乐的峰值过去，我们就会感到虚无。也许参加聚会对我们都有益处，但我们却很难承认这一点。我们可能无法一直准确地解读自己想要什么，但只要意图正确、意愿坚定，我们通常都能做出正确的选择。

自从我致力于探索"无为而治的艺术"以来，我就将其分为两种形式，并在生活中进行实践：毫无计划和无所作为。

我相信我们都需要将这两者结合起来，但如果我们发现很难相信自己的直觉，那么从一开始就给自己多安排一些计划，因为这一切都是为了将其纳入我们的日程安排并帮助我们进一步了解自己，而当我们实际上什么都不需要做时，就更难了解自己了。对我来说，我一般不会在周末安排计划，每周有几个晚上也都是空闲的状态。我的想法是：从周一到周四晚上，至少要给自己单独留出两个晚上的时间（我妈妈则相反，她每天晚上都会参加一些社交活动，只有周末的时间才属于自己，我不太能接受她的日程安排）。我花了数年时间不断探索，最终找到了适合自己的休息规律，并将其纳入了我的日程安排。

今年年初，我开始决定在周末休息，这是我自上学以来第一次这样安排。在工作之余，我总是有各种各样的事情要做，这意味着我在周末永远处于忙碌的状态。这是我第一次明确给自己规定要在周末休息，这一做法极大地提升了我的心理健康程度、创造力和工作质量。起初，我认为这是我为自己"赢得"的一种奢侈体验，可以帮助我整体放慢节奏，但实际上这一设定将我的工作质量提高了很多倍。为自己设置固定的休息时间还有很多其他好处，例如，在没有任何计划安排时，我发现自己总是会更快乐，因为我知道在那段时间里，我在有意识地为自己"充电"。当我做好计划并允许自己休息时，我从来不会觉得这是在拖延时间，但请假则会让我有一种在有意拖延时间的负罪感。此外，在工作时，我知道自己何时能够休息，就会集中注意力去工作，这意味着我会提前把事情做完并早一些从繁忙的任务中解脱出来。帕金森定律指出，无论你给工作留出了多少时间，工作都会占据所有这些时间。因此，为了提升工作效率和获得幸福感，提前为自己设定好时间界限、留出固定的休息时间非常重要。

"毫无计划"和"无所作为"都是我们人类的自然选择，因此，我们需要知道何时应该给自己安排休息时间。当我们对自己不够了解，也无法做出相应的计划时，或者当意外事件耗尽了我们的精力时，如果给自己留出休息时间，就是给自己配置了一份安全保障。任何活动都可能会让我们筋疲力尽，因此，我们需要抽出时间休息一下。要想达到"无为而治"的状态，我们就要认识到，在我们做得不够好或者生活发生变化时，我们最需要做的就是"好好休息一下"。根据所处的情况不同，每个人"无为而治"的状态也会有所不同，对一些人来说，他们并不能经常处于"无为而治"的状态。有人需要照顾孩子；有人需要兼顾多份工作；有人工作朝不保夕，并非每个人都能够随时休息。我想，在这些情况下，我们可以寻找合适的机会让自己休息一下，比如，我们可以选择在孩子睡觉的时候休息半个小时或在工作时午休一会儿。无论如何，拥有休息意识并在可能的情况下优先让自己得到休息，这一点很重要。

众所周知，关怀自我在我们生活中扮演着关键角色，因此，偶尔不给自己设定计划很重要。但我们也知道，如果我们没有做好计划，就很容易陷入一事无成的状态。然而事实是，这一状态不可避免——毕竟我们是复杂的、不可预测的生物，生活在一个复杂的、不可预测的世界里。就我个人而言，当我无法按照预想的方式工作时，我就无法做出具体的计划。此外，睡眠不足、精神健康状况不佳或能量不足也会使我陷入毫无作为的状态。例如，在连续开了一天会后，我的晚餐会吃得很少，而当我能量不足时，就无法集中注意力或者要花费比平时更久的时间才能完成工作。每当这时，我就知道自己需要休息一下了，即使是休息半小时也好。当然，对于包括我在内的大多数工作者来说，要想做到随时休息其实很困难，因此，提前做好计划很重要——我们的计划做得越周密，我们能够拖延的时间就越少。不要认为毫无作为会对我们的心态产生不利影响，毕竟即使正确的事情有时也会阻碍我们最初的计划。但当这种情况发生时，重要的是要提醒自己：无论计划如何，这些时刻总会发生，这就是我们的局限之处和世界的运作方式。我们需要做的是从中学习，并且善待自己。

我们还要了解哪些事情可以为自己"充电"。我们能做的最重要的事情就是真正了解自己，将需求和限制结合起来，并让它们一同服务于自己。如果我们发现自己从来没有像想象中的那样了解自己，就会觉得很痛苦。通常我们甚至不知道什么会让我们感觉糟糕透顶，或者我们本知道哪些事情会对我们有利，但过了一段时间后，我们会去做相反的事情。就像我们会努力了解别人一样，我们至少也要给自己留出时间和精力去了解自己的好恶和局限性。

练习

我们可以在笔记本上留出两页纸，在其中一页写上"我喜欢的事情"，在另一页写上"我讨厌的事情"。如果可能的话，可以再写上"局限性和例外"。这种方法很实用，可以让我们的生活变得更好，并帮助我们按照自己的想法去安排工作（通常来说，我们只需要做一个电子表格，在上面写上自己喜欢的事情，但我们热爱的事情并不等同于我们的全部生活，这样做并不客观，因此留出两页纸会更好一些）。在接下来两周的时间，我们需要记录并观察这两张表格，看看会出现什么样的变化。例如，表 7-1 展示了我喜欢的事情和讨厌的事情。

表 7-1 我喜欢的事情和讨厌的事情

我喜欢的事情		我讨厌的事情	
	局限性和例外		局限性和例外
傍晚和朋友一起吃饭，或一起喝咖啡	当我工作很忙时，或在一周里经常和朋友吃饭、喝咖啡时，就会觉得这样做比较占用时间。但只要我控制好频率，在下班后和朋友一起吃饭、喝咖啡确实很开心	除了临睡前，我会随时吃甜食，不加以改正	毫无例外。吃甜食让我的脾气变得暴躁
工作后去散步	毫无例外，我在任何情况下都应该多做些有益健康的活动	在工作日吃一顿漫长又丰盛的午餐	毫无例外，这样做导致我无法在下午集中精力
在下午三点吃一块巧克力	毫无例外	早上起来做的第一件事就是打电话	唯一的例外是前一天晚上发送了一条紧急短信，需要确认对方是否收到了回复

我喜欢的事情		我讨厌的事情	
	局限性和例外		局限性和例外
在早上喝咖啡，或者利用通勤时间读书	当地铁里太拥挤时（在这种情况下，不方便看书），我会选择听播客	漫无目的地浏览社交媒体	例外情况是急需看一些有趣的视频来放松一下，其实这对我也有益处

有效的关怀自我的方法是了解并回应自己的局限性，察觉到当自己通过做某件事来恢复精力时的感受。在恢复精力的同时还能保持自律，我们很难做到这一点。例如，在忙了一天的工作后去和朋友见面，我会觉得很开心——和朋友互相聊聊工作，互相吐槽确实轻松又有趣。然而，当我筋疲力尽时，我就不想出门和朋友见面了。这时，我会换上宽松舒适的睡衣，边吃零食边随意地刷手机。需要不断试错，才能发现什么最适合你。

在我们休息时，常常会忍不住去浏览社交媒体。在前言中，我们讨论了注意力经济，也重点谈论了关怀自我这一主题。毕竟，我们都会常常边移动鼠标边切换各种应用程序，期待发现下一个更有趣的东西，这种行为和"实验室的老鼠奖励系统"① 无异。我们都应该多花些时间来弄清楚我们与社交媒体的关系，以及它带给我们的感觉。一旦我们明白了自己的局限性，就可以尽力绕过甚至克服这些局限性。如果你以更好的方式来对待社交媒体，它也会以更好的方式来对待你。为了确定你的立场，可以回答以下问题：

1. 当早上醒来就浏览社交媒体时，你的感觉如何？

2. 当一天都不使用社交媒体时，你的感觉如何？

3. 你更倾向于在一天中的什么时候使用社交媒体？当时你的感觉如何？这样做是能帮助你逃避现实，还是会让你更加焦虑呢？

4. 如果从 1 到 10 打分，你在多大程度上认为社交媒体是拖延的工具？

5. 当在社交媒体上发帖时，你感觉如何？别人的回复是否会影响到你？

6. 某些社交媒体账号会让你不舒服吗？（即使这些账号存在的本意是正向激励他人，你也可以取消关注它们，毕竟没必要为了激励自己而损害自我价值。当你感到更自信的时候，可

---

① 在 20 世纪 30 年代开展的一系列开创性实验中，心理学家 B.F. 斯金纳（B.F.Skinner）探究了可预测、随机和类随机奖励对实验室老鼠行为的不同影响。——译者注

以随时再关注这些账号。)

7. 写下在过去一周里，社交媒体上最影响你感受的三件事情。

8. 社交媒体为你的生活带来了哪些变化?

我认为，我们本可以与社交媒体保持健康、良性的关系，但我们中的大多数人都没有做到这一点。我们中的许多人似乎与社交媒体相互依赖，但我们越不允许社交媒体控制我们（影响我们的自我价值，改变我们在他人面前的表现方式），我们的感觉就会越好。因此，我们不要让任何的外在事物控制自己。

这听起来不像是最具开创性的建议，但我发现，当我每天有意识地把手机放在一边并沉下心来去工作时，这一点非常有帮助。Z 世代可能很难接受这种做法，但作为一个在成长过程中持续受到手机影响的人，在我有意识地采取这种行动后，不管是从心理健康还是工作效率层面来说，我的一切都发生了巨大变化。正如我之前所说，除了一些事务性工作，我在忙其他工作时很少使用手机。现在，我在下班后常常会出去散步，每当这时，我就会把手机放进包里，而不是拿在手里。重新掌控自己的生活并坚持自己的承诺很重要。如果我们真的不相信自己能够做到这一点，就更需要先处理自己与手机和社交媒体的关系。无法远离某件事 30 分钟以上就是一种上瘾行为，我们都需要勇敢地面对这一事实。

在珍妮·奥德尔（Jenny Odell）的《如何无所事事》（*How to Do Nothing*）一书中，她详细介绍了斯科特·波拉克（Scott Polach）的艺术作品《掌声鼓励》（*Applause Encouraged*）。其中，观众被带入一个区域观看日落，但不能使用手机或相机拍照。日落时分，观众们鼓起掌来。我认为在该作品中，手机或相机存在的目的是要揭示我们与技术的关系。当我在看到美丽的日落时，常常会忍不住拿出手机拍照。我认为拍下美好的景物很重要，很多时候，这样做可以将我们的美好记忆一直保存下去。话虽如此，在上一次度假时（当时我还没有看到珍妮的书或斯科特的作品）我已经有了类似的想法——决定在每晚看日落时不带手机，专心地欣赏日落。当手机在争分夺秒地攫取我们的注意力时，它也剥夺了我们的感官享受。但放下手机欣赏日落时，我们却可以从美丽的景色中获得平静，也可以从感官享受中重新获得力量，此时，我们在大自然中感觉最快乐也最安心，但我们很少给自己留出足够的时间去认真享受这片刻的宁静。

除了分析你与社交媒体的关系，还有许多其他常见的方法来关怀你的身心。如果你不知道如何做，可以先参考这些常见的自我关怀仪式。就像本书在第二章中提到的深度工作触发器一样，这本书中有些内容可能会对你有所帮助，有些内容可能没有参考价值，你需要根据自己的情况来决定。我还想指出，虽然下面的建议都很普通，也许你已经做了很多这样的事情，但我确实相信，能够提醒你注意一些简单的事情也很重要，这样你就可以有意识地将这些建议融入日常生活，而不是幻想生活会自行发生改变。

● 运动。每天都运动一下。你不需要热爱锻炼，甚至不需要真的去锻炼，然而你应该每天稍微活动一下身体。白天坐在椅子上工作，晚上到沙发上去工作，这并非在活动身体。散步、锻炼、跳舞、跑步、练瑜伽、骑自行车、爬楼梯——这些运动对你的身体才有益处。

● 每天至少出门一次，即使只是去商店也好。如果你在居家办公，在家里待的时间越长，就越难走出家门。在家待久了很容易患上幽居病，能够意识到这一点很重要。

● 表达感谢。我并非建议你去写一封"感谢信"，其实表达感谢的形式很简单，只需要在早晨醒来或睡前说出三件值得感恩的事就好。明白你要感谢的是什么，可以让你保持脚踏实地、欣赏自己所处的位置。

● 吃富含营养的食物。多吃些富含维生素和矿物质的食物，认真照顾身体，同时也要好好滋养大脑。

● 不要太严苛地对待你的饮食结构。生活中有比卡路里更重要的东西，20 年后再回想起来，你并不会为某天吃了一块诱人的巧克力蛋糕而后悔。

● 与他人保持联系。你要努力与新老朋友保持联系，你可以自行决定联系的频率。不要在繁忙的时候将自己封闭起来，也不要剥夺自己与他人连接的权利。

● 经常笑一笑。致力于做、读、看、听能让你大笑的事情，寻求能让你开怀大笑的契机。比如，我看到别人的滑稽模样常常会忍不住笑出声来。

● 赞美自己。每天说出自己的三个优点。如果你做不到，问问爱你的人，你的优点是什么，然后每天都夸奖自己。

● 睡个好觉。拥有充足的睡眠会为你带来很多益处——你必须睡眠充足，也要注重改善睡眠质量。改善睡眠质量的小窍门是，至少在睡前半小时不使用电子产品。为了进一步了解这个话题，你可以读一读马修·沃克（Matthew Walker）的《我们为什么会睡觉》（*Why We Sleep*）这本书。

● 为他人做些好事。送人玫瑰，手有余香。这是一种双赢的行为！

读完上面的列表，你可能发现"冥想"并不包括在内。我平时不会冥想，但我知道有些人很喜欢冥想。这听起来似乎有点虚伪：如果冥想不是"无为而治的艺术"，那它又是什么呢？我知道本章的重点和书中提到的其他概念（包括心流在内）都与东方宗教和哲学的基本要素相呼应。虽然我确实认识到从佛教思想和实践中发展而来的"正念"等概念的价值和意义，但我也看到了冥想特别商业化的一面，这让我很难将它归于"健康战士"一列。当一些东西已被商业化时，你很难去享受它们。我认为，我个人关于冥想的体验和你的经历很像，但冥想并非适用于每个人，所以了解什么适合你才最重要。以前，我觉得感恩的概念就像"生活、欢笑、爱"这些常见的主题一样有用，但后来我设法从这个概念中提取出我需要的东西并从中得到了益处。尝试不同的方法并记录每一种方法带给你的感受，这样你就可以创建属于自己的自我关怀仪式。你越是致力于发展和理解与这些仪式的关系，你就越有可能使你的理智之船在波涛汹涌的汪洋中成功航行——这有点像是撰写一份属于你自己的航行指南。

在写这一章之前的一个周六，我在早上醒来时，满脑子都是工作：需要与团队沟通、需要修改创意简报、还需要再修改一下产品。正如我之前所说，我不习惯在周末工作，因此我发现自己陷入了进退两难的处境。为了达到目标，我需要对整个业务领域进行调整，虽然我有了工作灵感，但也急需行动起来。这时，我开始犹豫：我已经预定了当天的健身课程，下课后也要和朋友一起开车去郊外游玩，而且我也确实不愿为了工作而牺牲周末时间。但直觉告诉我，尽管工作很重要，但如果我取消了健身课和郊游，在接下来繁忙的一周里，我可能会非常后悔。当时，我的大脑在高速运转，我知道如果自己无法做出决定，在剩下的时间里我会一直纠结下去。最后，我决定去上健身课并打算在上课时再想一想接下来的工作安排。果然，在上课时，我的心情得以平静下来，我开始依次安排优先事项，并考虑如何跟团队安排接下来的工作。之后我回到家里，按照结构化的方式写下了之前的思考内容——我想改变什么？改变哪些地方？在周一该以何种方式通知大家？虽然这次事件并没有真正解决我的问题，但这次事件给我的心灵带来了极大的安慰——即使我选择在周末休息，但我仍然能够快速制订出一个相对完整的计划。

有时候，传统的自我关怀方式并不那么有成效，有时候直到工作快要结束时我们才有了灵感。大家都经历过这样的日子：压力排山倒海般向我们袭来，即使去泡澡也无济于事。对我来说，在这些情况下，列出当下存在的问题可以有效减轻压力——写下让我担忧的事情，认真思考对策，然后暂时将其抛之脑后——这有点像成本低廉的迷你疗法。在那个周六，我没有完全将我的担忧和想法抛在脑后，只是去上课和郊游，也没有一边游玩一边担心工作（如果我一直拿着纸和笔，可能就会是这个结果），我真正有效地"关怀了自我"。有时候，我们需要听从内心的声音，但仍然要尊重自己的局限性，而通常情况下，我们可以兼顾这两者。当我在周一回顾那些笔记时，我意识到：如果我在周六就把自己的所有忧虑都传递给团队，那就太草率了。事实上，我确实需要再仔细思考一下现实的处境、我的打算以及团队计划，然后再展开行动。其实，我当时担心的问题实际上有一半都没有出现，而且大部分问题也不是当务之急，可以在之后更合适的时候再加以改进。我的建议是，面对太多事情时，我们可以先将其写下来以减轻心理负担，然后大概制订一个行动计划，将不太紧急的事情暂时搁置，在下一次准备开展工作时再来考虑这些事情，否则我们会花很多时间去取消计划并为自己做过的决定感到懊悔。

归根结底，永远都没有万无一失的方法可以精确地告诉我们什么时候该做什么，什么时候不该做什么。我们并没有超能力，有时也无法判断我们想要的目标是不是出自内心或者我们是否在进行自我破坏。在这种情况下，掌握无为而治的艺术是实现幸福、成功和平衡生活的必备因素。如果我们继续认为关怀自我是在进行洗脑或是在浪费时间，我们就永远无法有效地利用这一方式并从中得到益处。实现关怀自我的秘诀在于：我们要忽略这两种相互竞争的心态所产生的干扰，真正了解我们自己和我们的需求，知道什么会让我们感觉良好并尽可能地去做这些事情，比如躺在沙发上休息一会、和最好的朋友促膝长谈、更投入地工作等。但是，如果我们认为无为而治并不是我们的基本需求和作为人类的最大优势之一，我们的工作和生活就很难走向成功。在制订通往成功的计划时，我们都无法忽视自身的局限性，但我们可以利用这些局限性。我们需要实践和尝试不同的方法，然后找出最适合我们的那一种，这样才是对我们的工作和幸福负责。

关怀自我意味着对自己温柔，好好爱自己，并且能够坦然接受自己的缺点。我们可以尝试克服这些缺点，即使有时会失败也没关系。最终我们会明白：自我接纳和保持自我价值才是最重要的关怀自我的形式。正如我们不是生产力机器一样，我们也不是关怀自我的机器，必须要合理地关怀自我。如果在忙碌一天后，我们使用了错误的方式来关怀自我，那也没关系。坚持学习，持续实践，不断试错，再次尝试，这才是生活的运行方式。我们越早接受这一点，我们就越早接受自己的局限性——这就是我们前进的动力。

结语

　　当我刚开始决定写这本书的时候，我真的不知道该写些什么。在网上、在书中、在研究中，我们都可以看到大量关于我们这代人的话题讨论。在工作中，特别是谈到如何面向 Z 世代销售产品时，我也经常被问到这一话题。人们认为我们这代人出生在一个经济衰退、科技发达、消费潮兴起的时代——仿佛我们的出生承载着巨大希望。由于技术的发展日新月异，人们会好奇我们这一代将会成为怎样的人，能否在气候危机中生存下来，以及是否会在长大后有所建树。然而，在所有围绕新型职场展开的话题中，几乎没有什么内容能真正触动我，也没有什么内容能概括当下时代赋予我们的意义。因此，我写这本书，一方面是想谈谈自我发现的话题，另一方面也想向大家传达我已经知道的内容。

　　所以，我展开了思考——我想要什么？我是否真的想要这些东西？我受到了哪些影响？为何想要这些东西？我所处的社会位置和当前的工作环境对以上因素产生了哪些影响？在这一过程中，我遇到了一个严重的问题：当我直接从这些问题中受益时，我该如何评估我们这代人的工作期望的问题？当我负责的每一个项目都有整个团队协助并几乎可以全部外包出去时，再来谈创建生产力蓝图是否公平？在我担任首席执行官职位时，谈论工作文化是否还会对人们产生激励作用？是否真的很令人厌烦？

然后，当我面对所有这些问题并开始写下我对自己所谈论内容的看法时，我突然意识到，即使读者不同意我的大部分观点，也至少表明读者拥有清晰的立场。问题不在于围绕我们这一代人的讨论内容是什么，而在于这些内容是否真实客观。人们一直在谈论我们这代人，因此，在我们还不清楚自己是谁之前，就被动地形成了对自己这代人和对新型职场的看法。人们从各种角度审视我们，他们等待我们步入职场，想要看看我们这一代到底表现如何：我们是否真的能够胜任工作，或者我们是否胸无大志，只会靠浏览短视频来打发时间。我们允许别人告诉我们是谁、我们想要什么，甚至允许别人在我们还不知道如何表达自己之前就为我们下了定义。但我们也完全有权拒绝这种说法，我们有权利向人们阐明我们在这个嘈杂又疏离的世界中的工作方式；我们有权利重新定义目标和生产力的概念，并且重新解读这两者对我们来说意味着什么。

我们这代人不必把全部的既有规则都当作真理，我们可以把它们抛诸脑后，然后重新去选择能令我们产生共鸣的内容，进而为我们这代人改写现实。在过去的二三十年里，世界发生了天翻地覆的变化，我们不需要照本宣科：我们目睹了所有的变化，我们可以将其视为一面白板，我们有能力去书写自己的故事。我们越早承担起责任，就越不必接受当今世界强加给我们的笼统定义，我们就越能理解我们是谁，我们想要什么——这是我们自己的职责。

我还想强调的是，如果我们不能尊重和接受自己，这一切就毫无意义。我们可以拥有世界上最好的"生产力方法"，我们可以在兼顾效率和平衡的基础上随时完成每件事情，但如果我们不去尊重自己真正的需求以及自己本身，所有这些都将毫无意义。在写这本书的过程中，我一直在努力强调这一点：如果我们不能关怀自我，生产力就毫无意义；如果我们无法及时休息和充电，工作就毫无意义；如果我们无法承认自己的努力，成功就毫无意义。

在过去的一年里，我比以往任何时候都更难以爱自己。这并非指我不值得被爱，也并非指我觉得自己很糟糕，而是指当我没有满足别人（家人、爱人、朋友和数百万的网友们）的期望时，我会觉得很焦虑。在大约两年前，我意识到自己的快乐来自踏实努力和在幕后打造品牌，于是我决定不再在社交媒体上分享生活点滴，而是致力于宣传自己的公司品牌。虽然我很喜欢跟网友们分享我的观点，但我意识到，我看重的只是能否得到外界的认可，而不是能否塑造自我价值感。之前，我确实很热衷于在社交媒体上分享自己的观点，但同时我内心的不安全感也在悄然滋长。我喜欢与他人比较，虽然知道自己做得不够好，但是内心依然渴望能够得到他人的喜欢和认可，并且很难接受任何批评（从我十几岁起就是如此）。我记得有次在我试穿了一件衣服后，我儿时最好的朋友让我坐下来观察镜子里的自己，这时我才发现自己的优势和局限性。她说，我所有的自我苛责和自我批评都会给他人带来暗示——如果我因为自己看起来不够漂亮、不够优秀或成绩不够好而一直心生埋怨，那我就不能期望自己能够接受自己或期望其他人能够接受我。她的话带给我很大的启发。

不久之后，我以为自己已经克服了这种内心的不安全感并开始踏上了自爱的道路。直到去年，我才意识到事实并非如此，只是外界对我的认可掩盖了这种不安全感而已，我从来没有承认过这一点，因为我觉得这样做很困难。虽然自己不认可自己，但一旦从别人那里获得了认可，好像自己也开始享受这种感觉，我发现这是 Z 世代的典型特征。当我决定不再在意别人是否认可我后，我发现自己还是会充满了不安全感。虽然我会鼓励、安慰自己，也会指出自己的优势，但我从内心仍然没有接受自己。因此，我认为拥有自爱这一想法很奇怪（当然，这不像是英国人的想法）。在我看来，自爱不仅意味着认为自己很棒，或者欣赏自己的优势，忽略自己的缺陷，而且充满难以言喻的魔力，我很难达到这种状态，也很难将其维持下去。不过我目前正在努力达到这种状态。有时候，我觉得自己做到了，但有时候，我觉得自己还需要继续努力。在通往自爱的道路上，虽然我会患得患失，但我终于知道了好好爱自己是多么重要。毫无疑问，我们必须接受自己——事实上，这是这本书里其他建议发挥作用的前提。

作为人类，我们都渴望为人们所喜欢、所接受，但现在，这一想法比以往任何时候都更不理性。在我们还远远没有准备好应对各种负面反馈前，我们就受到了来自四面八方的轰炸。用外部认可来取代内在的自我价值感，这很容易做到——事实上，几乎人人都能做到。在我们将自己的最新作品、日常活动和生活点滴发布到网络上后，如果没有得到其他人的点赞，我们中的很多人都会觉得怅然若失。当然，我的观点有些极端，毕竟有些人并不使用社交媒体，但我们在日常圈子之外，持续地、不间断地希望为人们所接受，确实会影响我们在哪里寻求自我价值感。

想要被所有人喜欢，这并不理性。当我仔细思考这件事时，我发现自己并不热衷于被所有人喜欢，但当我知道人们并不喜欢我时，我又会陷入自我怀疑的状态，进而很难去爱自己。我慢慢地意识到，问题并不是我无法爱自己，而是不管自己有什么缺点，我都本应该无条件地接受自己。有时我需要客观看待自己和自己的失败，在因为拖延而不去健身时，或因为小事分散了注意力而不去做事时，我仍然会感觉很糟糕，因此，我觉得自己很难去定义什么是自爱。无论别人做了什么或有什么不足之处，我们都会包容别人，但却会苛刻地对待自己，这就是我们能够坦然地爱他人、却无法好好爱自己的原因。我们确实不应该盲目乐观，但把我们的一生都花在审视自己和自己所犯的错误上也没有意义，而且这样做也无法帮助我们改善自我。当谈到为自己设定的理想标准时，我的要求曾经非常严格。之前，我认为自我批评和自我贬低可以有效地应对任何错误，现在我认为并非如此，而且这一做法既无成效，也无必要。我们可以尝试"自我问责"，即客观地对自己的行为和决定负责，在日常生活中，这比自我批评更加有效。

自我价值感是我们每个人能为自己培养的最重要的东西，即使没有实现目标，我们也可以感受到自己的价值。就其本质而言，无论是否完成了计划，我们都应该承认自己拥有价值这一事实。如果我们忽略了自己的价值，就很难完全体验到成功的滋味。我们需要无条件地相信自己的价值，这可能是生活中最重要的功课。

我不是在建议大家要满足现状，得过且过。我的意思是：我们要接受现实，明白我们都无法立刻实现梦想——有时轨迹会发生变化，有时需要转头重新校准方向，有时我们为了坚持下去必须反复尝试。允许自己追求在事业上、习惯上、人际关系上的成功就是最有效的自我接纳形式，也是对自我价值的有力认可。如果在成长过程中，我们不允许自己获得爱意和认可，就很难有所进步。我们需要接受并认可现在的自己，这样才能相信自己有能力到达想去的地方。我们如果不相信自己和自己的能力，怎么能够坚持下去呢？同样，我们如果不接受自己今天所处的位置，又该如何切实地行动以实现未来的目标呢？

在日常生活中，我也常常感到迷茫。我总是想象着有一天能够穿越重重迷雾，让眼前的成功之路、自爱之路和认可之路都能变得清晰起来，但我也明白这些事情很难发生。我无法控制结果，更不能决定未来，我唯一能决定的事情就是我在哪里、我正在做什么、我能够做什么。我确实相信自我实现能够引导我走向想去的地方，因此，自我实现正是我现在专注的目标。自我实现之路不是我为自己刻意规划的道路，而是我基于自己的意愿为自己清扫障碍、不断开拓出的道路。终极目标是在当下、在人生旅途中、在有意识地重新审视和规划每一天的过程中，最终能够实现自我价值。

接下来，我希望你能够谈一谈自己的理解和感受，并能够在朋友面前辩驳我的观点。所以开始行动吧，坦然接受生活中的不如意，然后和你爱的人一起活出更精彩的自我。美好的人生并没有标准范本，但当你翻过这最后一页时，你可以思考一下如何才能让你和朋友的生活变得更美好。在和朋友一起吃晚饭时，你可以放下手机，忘记新闻八卦，认真谈一谈什么会给你带来快乐，什么会让你感到失落，以及你的目标是什么。我坚信，无论你的目标是什么，你都能探索出一条通向目标的道路。